都市経営研究叢書7

変革と強靱化の都市法

久末弥生 [著]

日本評論社

『都市経営研究叢書シリーズ』
刊行にあたって

　21世紀はアジア・ラテンアメリカ・中東・アフリカの都市化と経済発展の時代であり、世界的には、人類の過半が都市に住む都市の時代が到来しています。

　ところが、「人口消滅都市（※注）」などの警鐘が鳴らされているように、逆に先進国都市では、人口の減少、高齢化、グローバル化による産業の空洞化が同時進展し、都市における公共部門やビジネス等の活動の課題はますます複雑になっています。なぜなら、高齢化等により医療・福祉などの公共需要はますます増大するにもかかわらず、人口減少・産業の空洞化が同時進行し、財政が緊迫するからです。

※注：2014年に日本創成会議（増田寛也座長）が提唱した概念

　このため、これからは都市の行政、ビジネス、非営利活動のあらゆる分野で、スマート（賢く）でクリエイティブ（創造的）な課題解決が求められるようになります。人口減少と高齢化の時代には、高付加価値・コストパフォーマンスの高いまちづくりや公民連携（PPPやPFI）が不可欠です。今後重要性の高い、効果的なまちづくりや政策分析、地域再生手法を研究する必要があります。また、人口減少と高齢化の時代には、地方自治体の行政運営の仕方、ガバナンスの課題が大変重要になってきます。限られた財政下で最大の効果を上げる行政を納税者に納得して進

めていくためにも、合意形成のあり方、市民参画、ガバメント（政府）からガバナンス（運営と統治）への考え方の転換、NPO などの新しい公共、そして法や制度の設計を研究する必要があります。また、産業の空洞化に対抗するためには、新産業の振興、産業構造の高度化が不可欠であり、特に、AI などの ICT 技術の急速な進歩に対応し、都市を活性化する中小・ベンチャーの経営革新により、都市型のビジネスをおこす研究が必要です。一方、高齢化社会の到来で、医療・社会福祉・非営利サービス需要はますます増大いたしますが、これらを限られた財政下で整備するためにも、医療・福祉のより効率的で効果的な経営や倫理を研究し、イノベーションをおこさないといけません。

　これらから、現代社会において、都市経営という概念、特に、これまでの既存の概念に加え、産業や組織の革新（イノベーション）と持続可能性（サスティナビリティ）というコンセプトを重視した都市経営が必要となってきています。

　このために、都市経営の基礎となるまちづくり、公共政策・産業政策・経済分析や、都市経営のための地方自治体の行政改革・ガバナンス、都市を活性化する中小ベンチャーの企業経営革新や ICT 化、医療・福祉の経営革新等の都市経営の諸課題について、都市を支える行政、NPO、プランナー、ビジネス、医療・福祉活動等の主要なセクターに属する人々が、自らの現場で抱えている都市経営の諸課題を、経済・経営・政策・法／行政・地域などの視点から、都市のイノベーションとサスティナビリティを踏まえて解決できるように、大阪市立大学は、指導的人材やプロフェッショナル／実務的研究者を養成する新しい大学院として都市経営研究科を、2018 年（平成 30 年）4 月に開設いたしました。

　その新しい時代に求められる教程を想定するとともに、広く都市経営に関わる諸科学に携わる方々や、学ばれる方々に供するため、ここに、『都市経営研究叢書』を刊行いたします。

都市経営研究科 開設準備委員会委員長　桐山　孝信

都市経営研究科 初代研究科長　小長谷　一之

はしがき

　19 世紀末に全世界で本格的に始まる「都市化の時代」、すなわち人口の大都市集中の時代の中で、急速に進む都市化を支える新たな法分野として、都市法分野の整備が各国で進められた。都市計画法が各国で制定され、やがて全世界的な都市化の爛熟期を迎えた 20 世紀後半、各国の都市はさまざまな環境問題に悩まされるようになり、世界は必然的に「環境の時代」へと移行していった。もっとも、21 世紀に生きるわれわれが「都市」という言葉に抱くイメージは未だ、19 世紀末から 20 世紀にかけての大都市における猛烈な人口増加を背景とする「都市化の時代」の延長線上にあり、都市法分野の現行規定もまた、「都市化の時代」の価値観に立脚したままのものが少なくない。現代人が今も求め続ける都市の賑わい創出、あるいは都会の喧騒そのものが、「都市化の時代」のイメージを無意識に継承しているとも言えるだろう。しかし、21 世紀の都市は、全世界的な気候変動および温暖化の影響と考えられる極端な大規模自然災害、人災としてのテロリスト攻撃あるいはインフラ老朽化に伴う事故など、未曽有の規模と新たなタイプの災害リスクに直面し、迅速かつ的確な対応を求められると共に、都市の防災拠点の整備も急がれている。さらに、2020 年からの新型コロナウイルス感染症の世界的大流行により、人々の価値観は大きく変化した。都市に求められるものも大きく変わろうとしている今、都市を支える都市法分野においても、価値観の転換が求められている。こうした観点からは、21 世紀の都市は新たに、「変革と強靱化の時代」に入ったといえるだろう。

　本書は、著者が大阪市立大学在外研究員として 2020 年 1 月にフランスおよびイタリアで行った在外研究の成果を中心に、都市法の多様な側面と可能性をまとめたものである。過去・現在・未来が共存する都市の在り方を考えるために、フランসではパリ第 9 区の「パッサージュ・ヴ

ェルドー」入口に面した歴史的建造物を改装したアパルトマンに、イタリアではフィレンツェの「サンタ・マリア・ノヴェッラ教会」に面した歴史的建造物を改装したホテルと、ヴェネツィアのカトリック跣足カルメル会修道院を改装したホテルに、それぞれ長期滞在して現地取材を行った。歴史的建造物も、そこで人が生活することによって、建物としての温もりを保ち続けることができる。そこには、過去に生きた人々の息づかいがあり、思い出があり、時代の空気感がある。滞在した者でなければ実感できない、確かな歴史の手応えがある。パリ第9区で執筆を始めた本書が、このようなかたちでまとまった。

　都市経営研究叢書シリーズ第7巻となる本書は、大阪市立大学大学院都市経営研究科の4つのコース（都市政策・地域経済コース、都市行政コース、都市ビジネスコース、医療・福祉イノベーション経営コース）のうち、都市行政コースが企画・著作を担当した。

　本書の第Ⅰ部では、文化財保護と都市計画の連携をテーマに、文化財保護法制および都市計画法制の先進国であるフランスの法制度に着目し、都市法の変革について考察する。第1章では、フランスにおける文化財保護と都市計画法制の歴史および内容を詳細に分析する。第2章では、フランスの歴史的建造物の保護に関する法制度を素材に、都市の居住空間の将来的な可能性について検討する。第3章では、モン・サン・ミッシェルで体現された、文化遺産と自然の共存という、ユネスコ世界文化遺産の新たな保護モデルを紹介する。

　本書の第Ⅱ部では、ニューノーマルと都市の変容をテーマに、都市法の強靭化手法を探る。第4章では、「都市化の時代」を牽引したパリ第9区の歴史と都市化の様子を概観する。第5章では、フランスの山岳国立公園に関する法制度における、安全保障と自然保護の手法を確認する。第6章では、アメリカにおいて自然保護と安全保障が同時に論じられた最近の連邦裁判所判例を取り上げる。第7章では、ユネスコ世界文化遺産都市かつ水都であるヴェネツィアとSDGsの関係について考える。

　本書を執筆するにあたり、恩師である亘理格先生（中央大学教授）をはじめ、文化財保護法研究の第一人者として知られる椎名慎太郎先生

（山梨学院大学名誉教授）、都市法研究の第一人者として知られる安本典夫先生（大阪学院大学名誉教授）、そして CIRIEC（Centre International de Recherches et d'Information sur l'Economie Publique, Sociale et Coopérative）本部副会長の野村宗訓先生（関西学院大学教授）、文化財保存全国協議会代表委員の橋本博文先生（新潟大学名誉教授）に大変お世話になった。また、著者が 2020 年度幹事を務めた関西行政法研究会の先生方からは、貴重なご教示を賜った。

　日本評論社の永本潤氏に、この度も大変お世話になった。

　心から感謝申し上げる。

　2021 年 11 月

久末　弥生

＊本書は、「令和 3 年度大阪市立大学大学院都市経営研究科成果・教育刊行費（研究科叢書プロジェクト）」を受けて刊行されたものである。なお、本書掲載の写真はすべて、著者の撮影による。

目次

第Ⅱ部　ニューノーマルと都市の変容

第4章　新世紀の都市化へ　072
――パリ第9区の出現

第5章　フランスの山岳国立公園に関する法制度と課題　117
――国境の安全保障と自然保護

第6章　アメリカの自然保護政策と国土安全保障　131

第Ⅰ部

文化財保護と
都市計画の連携

第1章

フランスの文化財保護と
都市計画法制

Ⅰ．フランスの文化遺産の保護に関する法制度

1．はじめに——文化遺産の保護とフランス法

　フランスでは文化遺産の保護に関する主な規定が、「文化遺産法典
（Code du patrimoine）」「都市計画法典（Code de l'urbanisme）」「環境法
典（Code de l'environnement）」という、大きく3つの法典に置かれてい
る。なお、文化遺産法典については「財産法典」の訳語を当てる文献も
あるが、同法典 L.1 条は「本法典における意味として、財産（patrimoine）
は、歴史、芸術、考古学、美学、学術、技法上の利益を示す、公的ある
いは私的な財産権に関する、財産、不動産、動産の全体と理解される。
…それはまた、2003 年 10 月 17 日にパリで採択された、無形文化遺産
（patrimoine culturel immatériel）の保護に関する条約[1]の第 2 条における
意味として、無形文化遺産の構成要素とも理解される。」と定めてお
り、単なる財産ではなく文化的な財産についての法典であることが明言
されている。したがって、本章では「文化遺産法典」の訳語を用いる。
また、"patrimoine culturel" の訳語として基本的には「文化遺産」を当
て、1950 年の文化財保護法に基づく日本の国内法制およびそれとの比
較を論じる場合、国際条約の中で特に「文化財」と和訳されている場
合、フレーズとして日本で定着している場合などには、「文化財」を当
てる[2]。

　日本では「歴史的建造物」の言葉が多く用いられるが、フランス語で
は "monument historique" すなわち記念建造物のニュアンスが強いこと

や、「建造物」の訳語を当てられるフランス語の単語が多いこと、さらに「的」を多用した和訳による煩雑さを避けるために、本章ではフランスに関しては「歴史記念物」の訳語を用いる。また、フランス語の"site" は「景観」の意味に加えて、「サイト」あるいは考古学上の「遺跡」を含意するため、本章ではこれらの訳語を適宜、使い分ける。

　本章はまず、フランスの文化遺産の保護に関する現行の法制度を、歴史記念物と歴史的景観について概観する。次に、フランスの文化財政策のみならず、都市計画法制にも大きな影響を与えることになった「特別文化的景観（SPR）」について確認する。最後に、私有の歴史記念物の保護に関する制度について、法制、税制、政策の観点から課題を探る。

　なお、本章において、フランス文化遺産法典は『Code du patrimoine (2020/2021 4e édition)』（Éditions Dalloz, 2020）、フランス都市計画法典は『Code de l'urbanisme(2021 30e édition)』（Éditions Dalloz, 2021）、フランス環境法典は『Code de l'environnement (2021 24e édition)』（Éditions Dalloz, 2021）をそれぞれ参照している。

2．歴史記念物の保存と活用に関する法制度
⑴ 1887 年の歴史記念物・工芸品保護法と 1913 年の歴史記念物保護法
　フランスの歴史記念物の保護に関する最初の法律は、「歴史記念物と工芸品の保護に関する 1887 年 3 月 30 日の法律（Loi du 30 mars 1887 sur la conservation des monuments historique et des objets d'art)」（以下「歴史記念物・工芸品保護法」という）である。歴史記念物・工芸品保護法は「フランス革命遺産（héritage de la Révolution)」を法的に保護すると共に、フランス革命によって成立した近代国家のフランスと過去のフランスの継続性を明確にする役割をもっていた[3]。19 世紀のフランスにおいて、文化的なものに経済的価値を認める、あるいは名所旧跡を濫用するといった状況は、文化遺産の活用という全国的な動きに伴うものだった。また、当時のフランスでは、考古学ブームによる盗掘や濫掘など、遺跡の破壊が深刻化していた。これらを背景に、歴史記念物の特性を保存するために、歴史記念物・工芸品保護法は制定されたのである[4]。も

っとも、歴史記念物・工芸品保護法の法文は不完全だったため、「歴史記念物に関する1913年12月31日の法律（Loi du 31 décembre 1913 sur les monuments historique）」（以下「歴史記念物保護法」という）が制定され、歴史記念物・工芸品保護法は歴史記念物保護法に代えられた。

　歴史記念物保護法は、文化遺産の保護を確保する基本法となった。歴史記念物保護法の特徴は、所有権の行使を制限する多数の「地役権（servitude）」を課したことである。特に、「登録（inscription）」という措置とさまざまな規制を定めたのは、歴史記念物の効果的な保護を確保するためだった。また、歴史記念物の保護に関する法制度が不動産について優先的に整えられてきたのも、歴史記念物保護法の制定時の内容に由来する。しかし、制定当初の歴史記念物保護法は、歴史あるいは芸術の観点から重大な利益を示す大建造物しか保護しなかったので、指定あるいは登録されるかどうかは利益の大きさ次第という側面があった。また、歴史記念物保護法は一貫性に欠けることが指摘されており、何度も修正された後、2004年に文化遺産法典に編纂された[5]。

⑵ 現行の法制度における歴史記念物の保護
——文化遺産法典と都市計画法典の連携

　2004年の文化遺産法典は、フランスにおける文化遺産の保護に関する基本法であると共に、2つの法制度を支える。ひとつは「指定記念物（monument classé）」と「登録記念物（monument inscrit）」の保護法制、もうひとつは歴史記念物の周辺の保護法制である。前者はフランス国内法、特に都市計画法典と連携し、後者は1972年の世界遺産条約に対応している。

①指定記念物と登録記念物の保護
（ⅰ）フランスの歴史記念物の分類
——指定記念物、登録記念物、私有の歴史記念物

　文化遺産法典によると、不動産の保存あるいは保全は、歴史記念物としての保護を裏づけるために、歴史あるいは芸術上の利益を示さなけれ

ばならない。「指定記念物（monument classé）」と「登録記念物（monument inscrit）」の区別は、保存の性質決定に基づいている。指定記念物は「公益（intérêt public）」を、登録記念物は「十分な利益（intérêt suffisant）」を示すものであることがそれぞれ求められ、登録記念物は指定記念物よりも小さな利益を示す不動産（immeuble）が対象とされ、指定記念物のほうが登録記念物よりも保護のレベルが高い。しかし実際は、両者の区別が常に明らかとは限らない[6]。指定記念物と登録記念物はあくまでも、国有あるいは公有のものを対象とする法制度であることから、フランスの歴史記念物は、指定記念物、登録記念物、そして私有の歴史記念物の、大きく3つに分類されることになる。

(ii) 指定記念物の保護

歴史記念物が「指定記念物」に指定されることによる最大の効果は、その記念物に関して行われるすべての工事が事前許可制になる点である。指定記念物を特別な許可なく解体あるいは移動してはならないし、部分的にも同様であり、修復、修理、何らかの変更の対象にもならない（文化遺産法典 L.621-9 条）。この許可を得ると、「建築許可証（permis de construire）」などの申請について決定権限をもつ機関の合意の下、それらの工事は都市計画に関する許可を免除される特権も得ることになる（都市計画法典 L.425-5 条）。なお、指定記念物への指定について所有者（国、国の公施設、地方公共団体、地方公共団体の公施設など）が反対する場合、まず省令（arrêté ministériel）による協議、次にコンセイユ・デタのデクレ（décret en Conseil d'État）による職権宣告（prononcé d'office）によって介入されることになる（文化遺産法典 L.621-4 条から同 L.621-6 条）[7]。

指定記念物に関する特別な許可に従う工事は文化遺産法典 R.621-11 条で定義され、不動産の遺産としての構成あるいは指定された部分の外観に影響を及ぼす、あるいはこの不動産の保全を危険に晒す性質をもつ建設あるいは工事が対象とされる。指示リストが渡され、特に、指定された土地内の浸食あるいは建物を高くすること、指定された土地上の伐採や開墾、塗替え工事、さらに大建造物の指定された内装部分、特に水

平や垂直の量や配分の変更、二次的な工事あるいは装飾の構成要素、地面、木工細工、壁画、漆喰、ステンドグラス、彫刻の変更、修復、復元、創作が、指示の対象に含まれる。このような工事のための許可申請は、建造物と文化財を担当する事務分散された局に提出され、その局が州知事（préfet de région）に伝えることになる。申請書類がすべて揃うと州知事は、建築許可証の申請について決定権限をもつ機関と特別な許可の申請者に対して、建造物と文化財を担当する事務分散された局による申請の記録の日付と番号を知らせる。都市計画法典 L.152-4 条の適用において、「都市計画ローカルプラン（Plan local d'urbanisme: PLU）」（以下「PLU」という）の規定違反をもたらす場合もある、建築許可証の申請について決定権限をもつ機関の合意は、この機関による完全な書類の受領から 12 か月の期間内に州知事に伝えられる（違反は、歴史記念物に関する法制で保護される不動産の修復あるいは再建については、合意されうることになる）。定められた期間の満了時にこの機関の返答がなければ、合意を与えられたとみなされる。州知事は、申請の記録の日付から 6 か月の期間内に立場を明らかにする。但し、もし文化担当大臣が、州知事に与えられたのと同様の期間内にその申請書類に言及すると決めたならば、許可は同日から 12 か月の期間内に同大臣によって交付され、同大臣が申請者にそのことを知らせる。定められた期間の満了時に州知事あるいは文化担当大臣の返答がなければ、許可を与えられたとみなされる。この許可の通知は、建設現場となる全期間を通して、受益者の管理によって外から見える方法で地面に掲示される。この許可は、都市計画に関する許可と同様の明確な要件で、有効期限が切れるあるいは延長されることになる（文化遺産法典 R.621-16-1 条）。いったん工事が実施されると、行政機関は竣工検査を行うために 6 か月の期間を有する（文化遺産法典 R.621-17 条）[8]。

(iii) 登録記念物の保護

　登録記念物は指定記念物よりも小さな利益を示す不動産が対象とされ、指定記念物よりも保護のレベルが下がることは先述した。1984 年 11 月 15 日のデクレ第 1006 号（Décret n° 84-1006 du 15 novembre 1984）

以来、登録記念物は州知事のアレテ（arrêté. 命令）によって決定されている（文化遺産法典 R.621-54 条）。歴史記念物が登録記念物に登録されると、その記念物にもたらす予定のすべての変更を事前に届け出ることが義務づけられる[9]。

　登録記念物に登録されるのは、大きく2つの場合である。まず、指定記念物のような直接の申請という根拠づけなしに、保存を取り戻すのが望ましい十分な歴史あるいは芸術上の利益を示す公的あるいは私的な不動産あるいはその一部は、すべての時代について、行政機関の決定によって登録記念物に登録されうる。次に、歴史記念物として既に指定あるいは登録された、すなわち指定記念物あるいは登録記念物である不動産の視界内にある、むき出しのあるいは建物が建っている不動産もまた、登録されうる（文化遺産法典 L.621-25 条）。後者は特に、巨石建造物や先史時代の遺跡に関連する。登録記念物に登録されたことは所有者たちに通知され、登録された不動産上で工事の実施を検討することを、そこで実施する4か月前までに行政機関に通知するという主な義務を所有者たちに課す。登録記念物である不動産上で検討される建設あるいは工事が、建築許可証、建築物撤去許可証（permis de démolir）、整備許可証（permis d'aménager）、事前届出に従う時には、所有者たちによるこの通知は必要不可欠ではないが、これらの許可証と適合する決定あるいは矛盾しない決定について、歴史記念物を担当する行政機関の合意がなければ、州知事は介入できなくなる（文化遺産法典 L.621-27 条、都市計画法典 R.425-16 条）[10]。つまり、登録記念物の保護やそのための州知事の権限には限界がある。

②歴史記念物の周辺の保護

（i）指定記念物、登録記念物の周辺の保護

　文化遺産保護と都市計画法制の関係を考える上で、歴史記念物自体の保護に加えて、歴史記念物の周辺の保護を検討することは大きな意義をもつ。歴史記念物の周辺に関する法制度が土地に与える影響力が、持続可能な文化遺産保護にとって重要だからである[11]。

歴史記念物の保護は当初、非常に局限的だったが、徐々に保護が記念物の周辺に広げられていった。1943年2月25日の法律（Loi du 25 février 1943）は、既に指定された記念物の周囲の半径500メートル内にあり、その視界内にある、すなわち記念物の見えるあるいはそれと同時に見えるむき出しのあるいは建物が建っている不動産が指定あるいは登録されうると規定し、歴史記念物の周辺まで保護の範囲を拡大した。同法は1913年の歴史記念物保護法に13条の2を付け加えて、「不動産が、歴史記念物として指定あるいは登録された大建造物の視界内にある時は、事前許可なく、新たな建設、取壊し、伐採、外観に影響を及ぼす性質の改築あるいは変更のいかなるものの対象にもならない。」と規定した。この許可は、歴史記念物の保護を担当する大臣の地方代理人となる、「フランス建物建築家（Architecte des Bâtiments de France: ABF）」[12]（以下「ABF」という）の合意がなければ、交付されてはならない[13]。つまり、歴史記念物の周辺での何らかの工事については、ABF意見が大きく働くことになる[14]。歴史記念物の指定あるいは登録によって自動的に、歴史記念物の周囲で非常に厳格な監視を実施できるようになるというこの仕組みについては、保護される記念物の重要性に鑑みて、周辺の監視を半径500メートル以上に広げることが試みられてきた。例えば、1962年7月21日の法律（Loi du 21 juillet 1962）は、デクレ（décret. 政令）によって歴史記念物の境界を「例外として」広げることを許したが、同法はほとんど適用されることがなかった[15]。

　現行の文化遺産法典L.621-30条においても、歴史記念物の指定あるいは登録は、事前許可制に従った指定あるいは登録された文化遺産の視界内にある不動産の、外観を変更する性質のすべての計画案について、半径500メートルの保護を自動的に発生させる効果がある。もっとも、この既製サイズの半径は時おりサイズが合わない上に、視界内にあるかの状況判断はABFの自由裁量に委ねられるので予測が難しく、不安のもとになっていた。そこで、こうした不都合を改善するために、「都市の連帯と刷新に関する2000年12月13日の法律第1208号（Loi n° 2000-1208 du 13 décembre 2000 relative à la solidarité et au renouvellement urbains)」（以下「SRU 法」という）[16]が、「周辺保護調整境界（Périmètres de protection adaptés: PPA)」（以下「PPA」という）と「周辺保護修正境界（Périmètres de protection modifies: PPM)」（以下「PPM」という）を新設した[17]。SRU 法による最初の試みはあまり成功しなかったが、2005 年 9 月 8 日のオルドナンス第 1128 号（Ordonance n° 2005-1128 du 8 septembre 2005)（以下「2005 年 9 月 8 日のオルドナンス」という）が、半径 500 メートル外の境界の保護を定めることを可能にした。文化遺産法典 L.621-30 条も PPA と PPM を区別しており、PPA は、指定あるいは登録、指定の訴訟手続の機会に、保護されていない不動産に関して設置できた。対応する既存の半径は、半径 500 メートル内のコミューン（commune. 市町村）の半径にせよ、PPA に対する半径にせよ、行政機関によって常に変更可能だった。他方、PPM が PLU あるいは「コミューン地図（carte communale)」の作成、変更、見直しの機会に設置される時には、PPM の設置は実質的に、境界の変更を取り去る都市計画文書の承認を意味した。PPA と PPM の二重の手続は成功例がほとんど無いため、これらは用いられなくなった[18]。都市計画文書が、都市全体の保護と、文化財の保護、保存、修復を目指し、特に都会の入口の都市、建築、自然景観の質を確保すると定める都市計画法典 101-2 条の目標にならなければならないと定められていることが改めて思い起こされる[19]。

　「創作の自由、建造物、文化財に関する 2016 年 7 月 7 日の法律第 925 号（Loi n° 2016-925 du 7 juillet 2016 relative à la liberté de la création, à l'architecture et au patrimoine)」（以下「LCAP 法」という）は、「特別文化的景観（Sites patrimoniaux remarquables: SPR)」（以下「SPR」という）の保護に関する手続の全体を再編しようとするもので、2005 年 9 月 8 日のオルドナンスの基本的な考えを維持するが、「周辺（abords)」の制度を実体的に変更した。周辺の制度はさらに、「住宅、整備、デジタルの発達を定める 2018 年 11 月 23 日の法律第 1021 号（Loi n° 2018-1021 du 23 novembre 2018 portant évolution du logement, de l'aménagement et du numérique: loi ELAN)」（以下「ELAN 法」という）によって、いくつか修正されることになる[20]。LCAP 法の最大の長所は、保護されなけれ

ばならない周辺の定義を、文化遺産法典に与えたことである。歴史記念物と共にまとまりのある全体を構成するか、その保全あるいは活用に貢献しうる不動産あるいは不動産全体は周辺として保護されるが（文化遺産法典 L.621-30 条）、これは「公益地役権（servitude d'utilité publique: SUP）」（以下「SUP」という）の性質をもつ保護であることが重要である。周辺としての保護は、既製サイズではない、特注サイズの境界を定められた周辺の境界内にある、建物が建っているあるいは建っていないすべての不動産に適用されるし、定められた境界がない場合は、歴史記念物から見えるあるいはそれと同時に見えて、歴史記念物から 500 メートル内にあるものに適用される。周辺としての保護は、部分的に保護される不動産の、歴史記念物として保護されないすべての部分にも適用される一方、歴史記念物として保護されるあるいは SPR の境界内にある不動産あるいはその一部には適用されない。このように LCAP 法は、周辺の制度の中に、隣接した不動産の保護を融合させた。周辺として保護される、建物が建っているあるいは建っていない不動産の外観を変更しうる工事は、事前許可制に従う（文化遺産法典 L.621-32 条）。また、周辺としての保護が、都市計画法典の手続に従う工事について生じる時に、都市計画に関する許可は、文化遺産法典 L.632-2 条に規定する要件において、根拠規定を伴って ABF が合意を与えれば、SPR におけるのと同じく、文化遺産法典で求められる許可の代わりとなる（都市計画法典 L.425-1 条）[21]。

　このように、歴史記念物の周辺は、記念物と共にまとまりのある全体を構成するか、その保全あるいは活用に貢献しうる不動産あるいは不動産全体によって構成される。また、「周辺に関して定められた境界（Périmetre délimité des abords: PDA）」（以下「PDA」という）の手続が、歴史記念物の周辺に関する制度についてのコミューン法を構成することになる。PDA は、ABF にせよ、ELAN 法にせよ、PLU、PLU に代わる都市計画文書、コミューン地図の担当機関によってなされる提案から定められうるし、ELAN 法は他の合意によってなされる提案に毎回従う。「国民アンケート（enquête publique）」が事前に準備されなければ

ならないし、歴史記念物の所有者あるいは所有地の受益者、場合によっては関係するコミューンにも意見を聞かなければならない。境界案は、PLU、PLU に代わる都市計画文書、コミューン地図の作成、見直し、変更と同時に知らされるという推測の下、国民アンケートは都市計画文書案と境界案について同時になされなければならない。PLU、PLU に代わる都市計画文書、コミューン地図を担当するコミューンあるいは「コミューン間協力に関する公施設（Établissement public de coopération intercommunale: EPCI）」（以下「EPCI」という）が合意を与えれば、境界が州知事のアレテによって設置される。合意がなければ、州知事のアレテは、文化財・建造物に関する地方委員会の簡単な意見を必要とする。もし境界が 500 メートルの距離を超えるならば、「文化財・建造物に関する全国委員会（Commission nationale du patrimoine et de l'architecture）」（以下「CNPA」という）の意見後に、コンセイユ・デタのデクレが必要となる（文化遺産法典 L.621-31 条、同 R.621-94 条）。市長は改訂増補の手続によって、PLU やコミューン地図に境界線を付け加えなければならない[22]。

　(ii) 国有地の保護

　LCAP 法は国有地（domaines nationaux）に関して新たな保護を生み出し、その目的は国有地の元のままの状態を保存して譲渡を制限することであり、国有地を活用する目的と共に保護は拡大していった。これらの国有地は、国の歴史と特別な関連性を示す不動産全体であると定義され、少なくとも部分的に国が所有者でなければならない。これらの財産は、歴史、芸術、自然景観、生態環境の特性を尊重する中で、国によって保全され、修復されるのがふさわしいし（文化遺産法典 L.621-34 条）、それらは、国、地方公共団体、公施設、私人が所有者である不動産財産を含むことができる。それらのリストや境界は、コンセイユ・デタのデクレによって定められる（文化遺産法典 L.621-35 条）。国あるいはその公施設の所有する国有地の一部は、国有地の境界を定めるデクレにおける現行の入口部分の歴史記念物として正当に、完全に指定される。維持あるいは国民による見学のために必要な建物や構造物、あるいは建築の復

元、芸術の創作、活用に関する計画案に含まれる場合を除いて、建設工事は禁止される。歴史記念物として既に指定されたものを除いて、国あるいはその公施設、私人、公法人の所有する国有地の一部は、国有地の境界を定めるデクレにおける現行の入口部分の歴史記念物として正当に、完全に登録される。それらは場合によっては、歴史記念物に指定される（文化遺産法典 L.621-36 条から同 L.621-38 条）[23]。

　(iii) ユネスコ世界文化遺産の保護とフランス国内法の適用

　「世界の文化遺産及び自然遺産の保護に関する条約（Convention Concerning the Protection of the World Cultural and Natural Heritage）」（以下「世界遺産条約」という）は 1972 年 11 月 16 日に第 17 回ユネスコ総会（開催地はパリ）で採択され、1975 年 6 月 27 日にフランスによって批准されたが、同条約による国内法への直接の効果はなく、適用に必要な措置を取ることが各国に任せられた。そこで、LCAP 法がこれに取り組み、国だけでなく、地方公共団体およびそれらが担当する範囲内の団体にも、ユネスコ世界遺産の保護を任せることにした（文化遺産法典 L.612-1 条）。ユネスコ世界遺産には、文化遺産法典の歴史記念物と SPR に関する規定、環境法典の「自然空間（espace naturel）」に関する規定、都市計画法典の都市計画規制を支える規定を適用できる（文化遺産法典 R.612-1 条）[24]。

　ユネスコ世界文化遺産のフランス国内での保護における特徴のひとつとして、「緩衝地帯（zone tampon）」の活用が挙げられる。文化遺産の周辺を保護することを可能にする緩衝地帯の境界を定め、文化遺産に隣接する環境を含めることで、重要な視覚眺望や他の区域あるいは属性が、文化遺産とその保護を支える柱として大きな役割を果たすのである。緩衝地帯は全部あるいは一部において、文化遺産それ自体と同じく、文化遺産法典、環境法典、都市計画法典の規定による保護の対象になりうる（文化遺産法典 L.631-1 条）。なお、都市計画との関係では特に、「広域一環計画（Schéma de cohérence territoriale: SCOT）」（以下「SCOT」という）の図表資料と PLU の付属資料で[25]、ユネスコ世界遺産およびそれらの緩衝地帯に登録された財産を特定できるようにしなければなら

ない（都市計画法典 L.141-6 条、同 R.151-53 条）[26)]。

3．自然景観の保存と活用に関する法制度

(1) 指定景観、登録景観の保護——1930 年の景観保護法

「芸術の特性をもつ景観および自然記念物の保護を整える 1906 年 4 月 21 日の法律（Loi du 21 avril 1906 organisant la protection des sites et monuments naturels de caractère artistique）」（以下「1906 年法」という）は、フランスの景勝地や自然記念物の保護を明文化した。後に 1906 年法に代わった、「芸術、歴史、学術、伝説、絵になる美しさの特性をもつ自然記念物および景観の保護を整えることを目的とする 1930 年 5 月 2 日の法律（Loi du 2 mai 1930 ayant pour objet de réorganiser la protection des monuments naturels et des sites de caractère artistique, historique, scientifique, légendaire ou pittoresque）」（以下「景観保護法」という）は、環境法典 L.341-1 条以下に編纂された。景観保護法は制定当初、自然景観の保護を目的としていたが、その適用範囲は徐々に広げられ、自然の構成要素と、建物が建っている構成要素を含める「混合景観（sites mixte）」や、自然の構成要素を何も含まないあるいは二次的な方法でしか含まない、都市景観を保護するためにも用いられるようになった[27)]。

景観保護法に基づく景観の保護は、1913 年の歴史記念物保護法に基づく歴史記念物の保護と同様、「指定（classement）」と「登録（inscription）」の手法に頼る。つまり指定景観は、常態の維持あるいは景観上で行われている現行の開発とは別のすべての工事が事前許可制になる。登録景観は、同様の工事が事前届出制になる。また景観保護法は、指定景観や登録景観、指定記念物とは別に、デクレによって広い「保護区域（zones de protection）」を設置する可能性を、同法 17 条以下によって強化した。この保護区域は都市計画法から着想したものだったが、設置手続の負担が非常に重く、50 か所ほどの設置にとどまった。「コミューン、県、州、国の間の権限分配に関する 1983 年 1 月 7 日の法律第 8 号（Loi n° 83-8 du 7 janvier 1983 relative à la répartition de compétences entre les communes, les départments, les regions et l'Etat）」（以下「権限分配法」と

いう）72 条が、景観保護法の保護区域に関する条文を廃止したため、以降は新たな保護区域を設置することができなくなった[28]。

(2) 自然景観の保護──1993 年の自然景観法、裁量基準

「自然景観の保護および活用と、国民アンケートに関して特定の法規を修正することについての 1993 年 1 月 8 日の法律第 24 号（Loi n° 93-24 du 8 janvier 1993 sur la protection et la mise en valeur des paysages et modifiant certaines dispositions législatives en matière d'enquêtes publiques）」（以下「自然景観法」という）が介入するまで、自然景観の保護および活用は、歴史記念物や歴史的景観についての個別の立法、環境法、都市計画法のように、複数の立法や規制に立脚していた。自然景観法はしたがって、自然景観の保護、管理、活用を統一法で初めて独自に取り扱う点で革新的だった。同法はまた、他の立法において自然景観を考慮に入れることも強化した。例えば、「建築、都市、自然景観の遺産の保護区域（Zones de protection du patrimoine architectural, urbain et paysager: ZPPAUP）」（以下「ZPPAUP」という）として、従来の「建築および都市の遺産の保護区域（Zones de protection du patrimoine architectural et urbain: ZPPAU）」の対象を自然景観に広げたのは同法であるし、同法は農事法典（現行の環境法典 L.333-1 条）や都市計画法典も修正した[29]。

　自然景観法の介入以来、自然景観の構成要素の保護を確保するために、活用しあるいは新たな資格を与え、場合によっては性質に関する規定を定める「自然景観の構成要素」を特定し、位置づけることができるのは、PLU である（都市計画法典 L.151-19 条）。自然景観法はまた、地方の都市計画文書に、立木、生け垣、立木の連なり、連なる植物の空間を指定する権限を与える（都市計画法典 L.113-1 条）。景観、自然環境、自然景観の質という理由で、コミューンの一部における特別な保護を必要とする際に、市町村会は、整備許可証を任せられていない土地部局に事前届出を任せると決めることができる。担当機関は、空間の自然の性質、自然景観の質、生物バランスの維持を重大な危険に晒す性質であるならば、その部局に異議を申し立てることができる（都市計画法典

L.115-3 条）。自然景観法はまた、地方の都市計画文書にとって必要不可欠な規定である、自然景観の保護と活用に関する裁量基準（directive）のかたちで、空間計画を設ける（環境法典 L.350-1 条）。都市計画文書の欠如、あるいは都市計画文書が規定と両立しないならば、土地の開墾、占有、活用の許可申請に異議を申し立てることができる（同条）。もっとも、自然景観法に基づく裁量基準が承認された例は、「アルピーユ山脈の自然景観の保護と活用に関する裁量基準（Décret nº 2007-212, 4 janvier 2007）」や「サレーブ山の自然景観の保護と活用に関する裁量基準（Décret nº 2008-189, 27 février 2008）」など僅かにとどまるのが現状である。したがって、自然景観の保護が依然として、都市計画法に立脚する状況は続くと考えられる[30]。

(3) 考古遺産の保護——2001 年の予防考古学法、全国考古学地図

フランスでは 2001 年に、予防考古学に関するフランス最初の法である「予防考古学に関する 2001 年 1 月 17 日の法律第 44 号（Loi nº 2001-44 du 17 janvier 2001 relative à l'archéologie préventive）」（以下「予防考古学法」という）が制定された。「予防考古学（archéologie préventive）」とは、考古学的に意味のある土地で開発計画がある場合、開発によるダメージを未然に防ぐための調査をいう。予防考古学法は、1992 年 1 月 16 日にマルタで欧州評議会（Council of Europe）が採択した「考古遺産保護のための欧州条約（Convention européenne pour la protection du patrimoine archéologique）」（通称「マルタ条約」）を批准したフランスが、国内法として制定したものだった。予防考古学法は「予防考古学に関する 2001 年 1 月 17 日の法律第 44 号を修正する 2003 年 8 月 1 日の法律第 707 号（Loi nº 2003-707 du 1 août 2003 modifiant la loi nº 2001-44 du 17 janvier 2001 relative à l'archéologie préventive）」によって抜本的に改正され[31]、さらに 2004 年 6 月 3 日のデクレ（Décret du 3 juin 2004）や 2016 年の LCAP 法によって補完された（文化遺産法典 L.521-1 条）。建設あるいは工事の作業が、位置決定、性質、規模という理由で考古遺産の構成要素に影響を及ぼすか影響を及ぼしうる場合、発見に関する措置、場合によって

は、学術調査による保全や保護の措置に関してしか着手されてはならないし、作業内容の変更申請も同様である（文化遺産法典 L.523-1 条）。計画案はこのように優先順位に関与されながら、「全国考古学地図（carte archéologique nationale）」の枠組みの中で、州知事のアレテによって定められる区域内で実施される[32]。「全国考古学地図」とは、予防考古学の「予測的アプローチ（approche prédictive de l'archéologie préventive）」を取り入れたもので、文化遺産法典 L.522-5 条によると、国土全体について利用可能な考古学データを集めて整理したものである[33]。州知事はまた、計画案が考古遺産の構成要素に影響を及ぼしうるので、先述の区域外に位置づけられる時に、単発的な規定を公布すると定めることもできる（文化遺産法典 L.523-7 条）。この規定は、建築許可証の更新拒否の根拠となりうる「行政地役（servitudes administratives）」を形成する[34]。

　文化遺産の要請と開発整備の必要性を両立させるためには、具体的な都市計画に関する許可申請に対して、考古学の規定が適用されるかどうかを明確にすることが重要となる。考古学の規定が適用されない場合には州知事が、その区域あるいは分譲に関する実施計画案を定期的に把握して、その案が予防考古学の介入を招かないことを整備主体に知らせることになる（文化遺産法典 R.523-20 条）。他方で、整備、建設、工事の作業が連続する段階によって実施される時、それらの実施予定カレンダーが整備主体によって州知事に伝えられ、計画案の全体にせよ、作業の各作業段階の実施にせよ、州知事は文化遺産法典 R.523-15 条に規定する措置を命じると決めることができる（文化遺産法典 R.523-21 条）。なお、「全国都市計画規則（Règlement national d'urbanisme: RNA）」の公序（ordre public）規定である都市計画法典 R.111-4 条により、もし計画案がその位置決定と性質によって、景観あるいは考古遺跡の保全あるいは活用を危険に晒すならば、都市計画に関する許可は拒否されうるか、特別規定を付け加えられうる[35]。

Ⅱ. 特別文化的景観の保護と都市計画法制の関係

1. 歴史的景観の保護法制

(1) 1962年のマルロー法と風致地区、保護・活用計画（PSMV）

　フランスにおける歴史的景観の保護法制の起源は、「フランスの歴史的・美的な遺産の保護についての法を補完し、不動産修復を促進するための1962年8月4日の法律第903号（Loi n° 62-903 du 4 août 1962 complétant la législation sur la protection du patrimoine historique et esthétique de la France et tendant à faciliter la restauration immobilière)」（以下「マルロー法」という）に遡る。同法の通称の由来となったのは、当時の文化大臣でレジスタンス闘士の作家でもあるアンドレ・マルロー（André Malraux, 1901-1976）で、彼は「孤立した傑作は死んだ傑作である」という理念の下で文化財政策を進めた。マルロー法は「風致地区（secteur sauvegardé)」を創設したが、これは、1913年の歴史記念物保護法や1930年の景観保護法と似たような目的をもつにもかかわらず、歴史記念物や景観の保護を単発的に目指すのではなく、それら全体において旧地区（quartiers anciens）を保護しようと努める点で、従来とは異なる法制度だった[36]。その背景には、1960年代に都市計画事業の発展によって、特に都市再開発との関連で多くの歴史的中心地の消失を危惧する状況があった。そこで当時の政府が、旧地区を保護する重要な手法を強化することにしたのである[37]。

　1962年のマルロー法は、大きく3つの重要な改革を含んでいた。まず、旧地区を「面」で保護することである。マルロー法が制定されるまで、旧地区は、歴史記念物あるいは景観の活用に関する構成要素といった付随的な資格でしか保護されてこなかった。マルロー法の制定後は、それらについて特別な保護手続である風致地区の手続が設けられた。この手続は、旧地区自体のために、その構成、骨組み、雰囲気を保全し、その地区全体の保護を確保することを目的とする。つまり、孤立した不動産を「点」として保護あるいは活用することにもはや頼らなくなったのである[38]。

次に、風致地区での保護は、「保護・活用計画（Plan de sauvegarde et de mise en valeur: PSMV）」（以下「PSMV」という）と呼ばれる、風致地区に関する全体整備計画の枠組みにおいても用意される。PSMV は、コミューンが権限をもつ都市計画についての報告書を通して、独自のいくつかの構成要素を示す[39]。

　最後に、旧地区の保護は規制措置によってのみ確保されるのではない。マルロー法は、風致地区での不動産修復活動の実施も想定する。この活動は、建物の外側だけでなく、その地区に住民たちが住み続けるのに必要不可欠な快適さという構成要素を備えなければならない、建物の内側についても関与しなければならない。このように、文化遺産の保護だけでなく都市計画も追求するマルロー法は、都市の文化財保護と整備の間の課題を早期に示すものだった[40]。

(2) 1993 年の自然景観法と ZPPAUP

　1993 年の自然景観法によって修正された 1983 年の権限分配法の 70 条は、歴史的、美的な遺産を保護するための新たなタイプのゾーニングを任意に配置する可能性を、関係するコミューンに与えた。これは、周辺の保護の制度を完全に廃止することを望む一部の人々に対する対抗策だった[41]。従来の「建築および都市の遺産の保護区域（ZPPAU）」に「自然景観（paysager）」の遺産の保護を付け加えるために、1993 年の自然景観法の 6 条によって修正するかたちで創設された「建築、都市、自然景観の遺産の保護区域（ZPPAUP）」は、環境法典 L.350-2 条に組み込まれ、2010 年までは文化遺産法典 L.642-1 条および L.642-2 条として規定が置かれていたが[42]、現在は「建造物・文化財活用区域（AMVAP）」に代えられて既に存在しない。

　ZPPAUP の最大の特長は、歴史記念物の周辺よりもはるかに広い適用範囲をもつことだった。実際、「歴史記念物の周りと、美的、歴史的、文化的な性質という理由で保護するあるいは活用する地区、景観、空間内」に適用できるので、1913 年の歴史記念物保護法や 1930 年の景観保護法で指定あるいは登録された記念物や景観が存在する必要はな

い。ZPPAUP は関係するコミューンの承認なしで計画を練り上げられてはならず、コミューンの公的な承認は、国民アンケート後の州内での国の代表者のアレテ、文化財・景観に関する地方委員会の意見、市町村会の承認によって生じる。文化大臣あるいは、自然景観の遺産の保護区域については環境大臣が、すべての ZPPAUP 案を提起できる。2005 年9 月 8 日のオルドナンス以来、ZPPAUP は、市長あるいは PLU に関して権限をもつ EPCI の長によって創設されるが、州知事の承認を得なければならない。ZPPAUP 案が歴史記念物として指定あるいは登録された不動産を含む場合には、文化大臣は都市計画を担当する大臣にZPPAUP 案を提起するよう求めることができ、当該 ZPPAUP はその後、2 人の大臣による共同のアレテによって創設される。このゾーニングは大都市においても田園の集落においても等しく適用されるし、境界は半径 500 メートルの円形空間に一律には制限されない[43]。

　ZPPAUP は建築と自然景観に関する特別規定を含み、ZPPAUP での広告は禁止される（環境法典 L.581-8- I -6 条）。従って、建設業者やABF の指針となる何らかの仕様書が用意されるし、不動産の高さを制限するあるいは建設を禁止する「都市計画地役（servitude d'urbanisme）」を含むこともできる。これらの特別規定は、文化的、建築上、歴史的な性質という理由で地区、記念物、景観の保護として PLUで既に想定されるゾーニングの規定よりも、より正確かつより厳密であることが望まれるし（都市計画法典 L.151-19 条）、実際もそうである。ZPPAUP に関する規定は PLU に付け加えられ、第三者に対抗できるPLU の地役権と同じ効力をもつ。ZPPAUP の規定の効果は実際上、歴史記念物の周辺として保護される境界内におけるものと同じである。1983 年の権限分配法の 71 条の適用によって、ZPPAUP の境界内に含まれる不動産の建設、取壊し、伐採、外観に影響を及ぼす性質の改築あるいは変更の工事は、ABF の合意後に、建築許可証に関して権限をもつ機関すなわち PLU が承認されたところの市長によって承認された、特別事前許可に従う[44]。

　権限分配法（1983 年）の 72 条 5 項が景観保護法（1930 年）の「保護

区域（zones de protection）」を用意周到に廃止し、グルネル 2 法（2010年）の 28 条によって ZPPAUP が「建造物・文化財活用区域（AMVAP）」に置き代わり、LCAP 法（2016 年）の 77 条によって AMVAP のみならず風致地区も「特別文化的景観（SPR）」に置き代わり、旧保護区域に適用される文化遺産法典 L.642-9 条を廃止した背景として、文化遺産の保護と ABF の権限に対して追加的に強い打撃を与えることになる、不動産利益に関連する産業部門からの地方議員たちへの圧力の存在も指摘されている[45]。

⑶ 2010 年のグルネル 2 法と建造物・文化財活用区域（AMVAP）

　風致地区内の PSMV に加えて、1993 年の自然景観法は ZPPAUP を創設し、さらに「2010 年 7 月 12 日のグルネル 2 法（Loi Grenelle 2 du 12 juillet 2010）」（以下「グルネル 2 法」という）28 条は持続可能な開発を考慮に入れた文化財保護を開始することを目指して「建造物・文化財活用区域（Aires de mise en valeur de l'architecture et du patrimoine: AMVAP）」（以下「AMVAP」という）の手続を設けて、この手続が ZPPAUP に代わることになった。その後、2016 年の LCAP 法によって、後述の SPR の手続が ZPPAUP や AMVAP の風致地区の手続に代わり、風致地区は SPR に代えられた。他方で、SPR の制度は文化財保護の適切な実施に関する手続の原則を消滅させたのではなく、SPR として守られる国土について、目的に応じて PSMV や「建造物・文化財活用計画（PVAP）」を作成することは可能である[46]。PVAP は文化遺産法典 L.631-4 条で規定される制度で、ZPPAUP や AMVAP に近い内容だが[47]、SPR と併用されうる点が異なる。PVAP については、後に詳述する。

　「保護」区域の仕組みを「活用」区域に移すことが AMVAP の方針のすべてだった。AMVAP は遅くとも 2015 年までには ZPPAUP の代わりとなり、当時の文化遺産法典 L.642-1 条から L.642-10 条に従うものとされた。文化、建築、都市、自然景観、歴史、考古学上の利益を示す土地を保存することと、持続可能な開発を尊重しつつ、建物が建っている遺産と空間の活用を促進することが重要とされた。AMVAP の創設

はコミューンの権限に属するが、協議、文化財・景観に関する地方委員会の意見、国民アンケート後に、州知事の承認を必要とする。特別諮問機関が、「公益地役権（SUP）」の性質をもつ AMVAP の規定内に記載されている、適用規則の概念と実施の調査を確保する。ZPPAUP よりも正確なものが望まれる AMVAP の規定には、建築の質、建物が建っている遺産の保全あるいは活用、自然景観への建築の組込み、環境目的の考慮と同様の再生可能エネルギーあるいはエネルギー経済開発を目指す工事に関する規定が記載される。従って AMVAP は、自然空間の保全も想定しうることが指摘されている。すべての工事は、事前許可と、1か月以内に決定を下す ABF の付託（saisine）に従う。ABF の沈黙は、承認に相当する[48]。

　2010 年の創設から僅か 6 年後に、AMVAP は「特別文化的景観（SPR）」に代えられることになったが、文化遺産の保護と活用の両立のみならず、自然空間の保全の可能性をもつ AMVAP の制度は、文化的環境ひいては都市環境の保護を実現するための大きな一歩になったと考えられる。

2．特別文化的景観の創設

(1) 2016 年の LCAP 法と特別文化的景観（SPR）

　1983 年の権限分配法の制定以来、フランスでは歴史記念物の周辺の保護が異なる 2 つの手続に沿って行われてきた。ひとつは、1913 年の歴史記念物保護法に 13 条の 2 および 13 条の 3 を付け加えて新たに地役権を設定した 1943 年 2 月 25 日法に基づく、歴史記念物の周辺の半径500 メートルの保護である。もうひとつは、1993 年の自然景観法によって新設された ZPPAUP による包括的な保護である。このうち ZPPAUP は、2010 年のグルネル 2 法によって、AMVAP に代えられた。さらにAMVAP は、2016 年の LCAP 法によって、SPR に徐々に代えられている。SPR はまた、フランスにおける歴史的景観の保護法制の起源と言われる 1962 年のマルロー法に基づく風致地区にも代わりつつあるというのが、現状である[49]。つまり、2016 年の LCAP 法は、ZPPAUP、

AMVAP、風致地区を SPR に変えた。

　SPR は、すべてのコミューン内で設置されうる。「その保全、修復、改修あるいは活用が、歴史、建築、考古学、芸術あるいは景観の観点から公益を示す、都市、村あるいは地区」が、SPR としてまず指定される。しかし、かつての風致地区とは違い、その手続は「その都市、村あるいは地区と共にまとまりのある全体を構成するか、その保全あるいは活用に貢献しうる農村空間および自然景観」にも広く関係しうる（文化遺産法典 L.631-1 条第 1 段落、第 2 段落）。SPR の設置の決定に、担当する行政機関、関係する地方公共団体、CNPA のメンバーたちを参加させることを目標として、形成の要件は厳格である。SPR の設置の提案は、国から発することができるし、CNPA や「文化財・建造物に関する地方委員会」の発議の場合もあるし、PLU、PLU に代わる都市計画文書、コミューン地図の担当機関から発することもできる。SPR として守られる国土に全部あるいは一部の区域が関係する、EPCI のコミューンメンバーもまた、その手続の起点になりうる。すべての場合において、設置書類は CNPA に送付される[50]。

　ここで改めて「文化財・建造物に関する全国委員会(CNPA)」とは、「歴史記念物全国委員会(Commission nationale des monuments historiques)」と「風致地区全国委員会（Commission nationale des secteurs sauvegardés）」の合併により生まれ、国民議会（フランス下院）議員あるいは元老院（フランス上院）議員が長を務める組織で、7 つの支部のうちの 1 つが「特別文化的景観および周辺」支部である（文化遺産法典 R.611-1 条）。同支部は他のすべての支部と同様に 4 つの分野から構成され、国の代表者 10 名（文化省、財務省）、選挙による委任の資格を有するメンバー 5 名（そのうち地方議員 3 名）、「文化財の知識、保護、保全、活用を促進することを目的とする」団体あるいは基金の代表者 5 名、有識者 6 名を含む（文化遺産法典 R.611-4 条）。SPR の手続段階での CNPA の役割は、保護する地区の様式や類型に関する見解を練り上げることである。同委員会は特に、文化財の効果的な保護、保全、活用を確保するために適切と思われる都市計画文書の類型を指示する役割を果たすし、

SPR の設置案について意見を述べる[51]。

　2016 年の LCAP 法の第 75 条に由来する文化遺産法典 L.631-2 条は、自由主義を見直して、非常に中央集権化された手続を選んだ。原則として SPR は、PLU、PLU に代わる都市計画文書、コミューン地図の担当機関が手続の起点となった、あるいは合意を与えた時から、文化大臣のアレテによって設置される。合意がなければ、SPR は CNPA や文化財・建造物に関する地方委員会の意見後に、コンセイユ・デタのデクレによって設置される（文化遺産法典 L.631-2 条）。SPR 指定の決定は、PLU、PLU に代わる都市計画文書、コミューン地図を担当するコミューンあるいは EPCI に対して、州知事によって通知される。SPR として守られる国土が PLU、PLU に代わる都市計画文書、コミューン地図で扱われる時、コミューンあるいは EPCI は、その文書に SPR の図面を付け加える権限をもつ。SPR の設置行為は、4 つの主な効果をもたらす[52]。

①フランス建物建築家（ABF）による監視、工事の事前許可制

　SPR の設置行為は、フランス建物建築家（ABF）の監視の下、SPR として守られる国土を位置づける。工事が SPR の保全あるいは活用を損なう可能性がある時、許可を与えないあるいは規定を付け加えることができる（文化遺産法典 L.632-1 条）。この許可は原則として ABF の合意次第であり、理由を付した規定が付け加えられる場合もある。もし工事が都市計画に関する許可（建築許可証、建築物撤去許可証、整備許可証、事前届出）の適用範囲内で行われるならば、都市計画に関する許可は、ABF が合意を与えた時から文化遺産法典によって事前許可に代わることになるし、規定が付け加えられる場合もある（文化遺産法典 L.632-2 条 I、都市計画法典 L.425-2 条）。ABF は文化財、建造物、自然景観あるいは都市景観、建築の質、周囲の環境へのそれらの調和した組込みに結びついた、公益の尊重を確保しなければならない。ABF は「保護・活用計画（PSMV）」あるいは「建造物・文化財活用計画（PVAP）」の規則の尊重もまた、確保しなければならない。許可を交付する担当機関は

ABFに、決定案を示すことができる。ABFは決定案について諮問意見を述べるし、書類に付随した調査後に変更を提案できる場合もある[53]。

なお、SPRがPSMVで扱われる時、つまり不動産の外側あるいは内側にあるSPRの構成要素がPSMVによって保護される時、本来の不動産あるいは動産財産である、永続的な住居に固定された建築あるいは装飾の構成要素の状態を変更する可能性がある工事は事前許可制に従う。PSMVの検討段階で、建物の内装部分の状態を変更する可能性がある工事も事前許可制に従う[54]。

結局、環境法典あるいは文化遺産法典の許可で規制されない、SPRの境界内に含まれる工事について必要な許可は、歴史記念物の周辺での工事に適用される規則によって規制されることになる（文化遺産法典R.621-96条）[55]。

②特別文化的景観（SPR）に関する地方委員会の設置

2017年3月29日のデクレ第456号（Décret nᵒ 2017-456 du 29 mars 2017）によって強化されてきた地方議員の役割の重要性を背景に、SPRの設置行為の公示時から、「特別文化的景観に関する地方委員会（Commission locale du site patrimonial remarquable）」（以下「SPRに関する地方委員会」という）が設置される。同委員会は原則として、PLU、PLUに代わる都市計画文書、コミューン地図を担当する市長あるいはEPCI長が委員長を務め、SPRに関係するコミューンの長、知事、文化問題に関する地方の長、ABFに加えて、最大15名のメンバーたちを含む3つの第三者グループ（市町村会あるいはEPCIの審議機関によって選ばれる代表者たちの第1グループ、文化財の保護、促進、活用に関する団体の代表者たちの第2グループ、有識者たちの第3グループ）から構成される。同委員会は建造物と文化財の保護と活用の計画の作成、見直し、変更の手続という異なる段階時に、諮問に呼ばれる。同委員会はこれらの計画の変更あるいは見直しを提案できるし、したがって同委員会がそれらの追跡調査も確保することになる（文化遺産法典L.631-3条Ⅱ）[56]。

③張り紙・広告の規制

SPRにおいても、張り紙や広告に関する制度が有効である。原則として環境法典L.581-8条は、SPRが都市圏に位置する時に、SPRとして守られる国土上のすべての広告を禁止する。もっとも、環境法典L.581-14条を適用して広告に関する地方規則を定めることで、この原則に対する適用除外を設ける余地はある[57]。

④地方行政機関の選択肢の拡大

SPRの設置は、地方行政機関の選択肢を広げることになる。「保護・活用計画（PSMV）」で扱われない景観部分について、SPRは「建造物・文化財活用計画（PVAP）」を定めるのを可能にするからである（文化遺産法典L.631-3条I第2段落）[58]。

⑵ 保護・活用計画（PSMV）とSPRの関係

2016年のLCAP法によるSPRの創設は、「風致地区」、「建築、都市、自然景観の遺産の保護区域（ZPPAUP）」、「建造物・文化財活用区域（AMVAP）」という従来の3つの規定を合併して後述の「建造物・文化財活用計画（PVAP）」に一本化したが、「保護・活用計画（PSMV）」はそのまま残された。SPRへの指定は、文化財の保護、保全、活用を目的とする、地面の利用に影響を及ぼす公益地役権（SUP）の性質をもつ（文化遺産法典L.631-1条）。従来からのPSMVと新設のPVAPという2つの特別規定が、SPR内の地面を占有あるいは利用する権利を制限し、都市計画に関する許可に対抗できる[59]。

「風致地区に関する2005年7月28日のオルドナンス第864号（Ordonnance nᵒ 2005-864 du 28 juillet 2005 relative aux secteurs sauvegardés）」と共に開始され、LCAP法と共に続行された地方議員の役割の強化後も、PSMVの作成が国の責任であることに変わりはない。PSMVは原則として、国と都市計画文書を担当する機関によって一緒に作成されるが、もし担当機関が望むならば国は担当機関に作成を任せることができるし、もし必要ならば国の科学技術および財政の援助を提供することがで

きる（都市計画法典 L.313-2 条 II 第2段落、同 R.313-7 条第1段落、第2段落）。PSMV は ABF と協議して作成されなければならないし、ABF が SPR の目的に関して PSMV の一貫性を確保する役割を担う（文化遺産法典 L.631-3 条 I 第3段落）。SPR は複数のコミューンや EPCI に関係するという推測において、各担当機関は単独で担当する国土の PSMV を作成することができる（文化遺産法典 R.631-3 条 I 第3段落）。作成の発議権はコミューンあるいは EPCI の審議機関にあり、地方行政機関の合意によって知事にも与えられる[60]。

　PSMV は都市計画文書の伝統的な構造に従い、説明報告書、図表資料を含んだ規則、整備方針、付属資料から構成される（都市計画法典 R.313-2 条から同 R.331-6 条）。PSMV と都市計画の関係に着眼すると、PLU が既に存在するならば、見直し調査が決定される。PSMV が承認されるまで、見直される PLU は変更の手続あるいは簡略化された見直しの手続の対象になりうる（都市計画法典 L.313-1 条 II 第1段落）。この調査の間、調査される境界の内側にある建物の、内側部分の状態を変更する可能性があるすべての工事は、ABF の合意後に事前届出に従わなければならない（文化遺産法典 L.632-1 条第2段落、都市計画法典 R.421-17 条 c）。このように、PSMV は不動産の外側あるいは内側にある、民法典 524 条および同 525 条の意味での本来の不動産あるいは動産財産である、永続的な住居に固定された建築あるいは装飾の構成要素も保護することができる。不動産の内側の規制を許すのは PSMV だけであり（都市計画法典 L.313-1 条 III、IV）、ここに、PSMV と後述の PVAP との主な違いがある[61]。

　PSMV の規定は、担当機関が都市計画に関する許可申請について決定を下すのを延期することを可能にする。PSMV の規定は PLU の見直しに相当するので、境界については PSMV が PLU に代わることになる。つまり、PSMV はいったん承認されると、SPR 内に適用されることがある PLU に代わることになり、以後は SPR 内の地面の利用に関するすべての許可は PSMV の規定に従わなければならない。この適合の要請に関して留意する責任を負うのは、ABS である。したがって、

PSMV は PLU の「整備および持続可能な開発案（Projet d'aménagement et de développement durables: PADD）」に適合しなければならず、PSMV 案がこれに適合しない規定を含む時は、PSMV 案と PLU の見直しについての国民アンケートが同時になされる場合にしか承認されない。つまり、PSMV の承認は、PLU の見直しを伴うことになる（都市計画法典 L.313-1 条Ⅴ）。PSMV の規則は PLU よりも非常に正確かつ詳細なので、この規則が区域あるいは地区によって土地の占有に関する規定を一般に定める時には、「区画（parcelle）」のレベルまでしばしば降りるかたちで使われる。PSMV は少なくとも PVAP と同じ要素を考慮しなければならず、新築あるいは既存の建築の質に関する規定、建物が建っている文化財や自然あるいは都市の空間の保全あるいは活用に関する規則、不動産、公共空間、記念物、景観、庭や庭園の境界画定、それらの保全あるいは修復を確保するのを可能にする規定と同様に、文化、歴史、建築の種類という理由で保護・保全し、活用し、新たな資格を与えられる植物や街路設備の特定が、考慮要素に含まれる。さらに図表資料が、PSMV によって保護される境界、建物が建っているあるいは建っていないという、保護される不動産の建築類型を明らかにしなければならない（都市計画法典 R.313-5 条第 2 段落、文化遺産法典 L.631-4 条Ⅰ 2°）。また、税制に関しては、もし PSMV によって保護される境界内にある、建物が建っている不動産を補う修復のために支出するならば、納税者は支出の割合で所得減税を享受する[62]。

　PSMV 自体の見直し、変更、更新の手続は、1976 年に「土地占有プラン（Plan d'occupation des sols: POS）」[63]との関連で定められていたが、変更の手続が 2000 年の SRU 法によって廃止され、2003 年 6 月 26 日の「都市計画・住宅法（Loi "urbanisme et habitat"）」によって復活したという経緯がある。2016 年の LCAP 法は、見直し、変更、更新という 3 つの手続の原則を維持している[64]。

(3) 建造物・文化財活用計画（PVAP）の新設

　2016 年の LCAP 法は、「建築、都市、自然景観の遺産の保護区域

（ZPPAUP）」と「建造物・文化財活用区域（AMVAP）」を同時に取り替えるために、「建造物・文化財活用計画（Plan de valorisation de l'architecture et du patrimoine: PVAP）」（以下「PVAP」という）の手続を置くことを定めた。PVAP の設置は SPR の全体目的の枠組みの中に含まれており、農村空間と共にまとまりのある全体を構成するかその保全あるいは活用に貢献しうる、現在の農村空間および自然景観などの建物が建っている空間に関係しうる。PVAP は、文化財保護の典型的な手段となる。PVAP の設置手続は文化遺産法典 L.631-4 条 II で定められ、その適用規則は同法典 D.631-6 条から同 D.631-11 条に編纂された。この設置手続は、関係するコミューンあるいは EPCI、国、文化財・建造物に関する地方委員会、SPR に関する地方委員会を介入させる[65]。

　PVAP の設置は地方公共団体がもっぱら発議するが、この発議は CNPA 意見によって左右されうる。すべての場合において PVAP は、ABF と協議して作成されなければならないし、国は科学技術および財政の援助を提供しなければならない。PVAP 案の作成の検討は市長あるいは EPCI 長の権限下で行われるが、ABF、フリーの建築家、都市計画専門家、有識者などに任せることができる。この検討は、PVAP 案で守られる国土を対象とする診断の作成によって開始されなければならないし、歴史、都市、建築、考古学、芸術、自然景観という構成要素において文化財の財産目録を理解しなければならないし、装飾、建築様式、資材という構成要素を含む均質の建築上の特性を示すことになる。なお、PVAP 案は、PLU、PLU に代わる都市計画文書、コミューン地図の担当機関によって、その担当機関あるいは関係するコミューンの審議機関の意見後に中止されうる。この場合は CNPA 意見が求められるし、中止された案は次に、文化財・建造物に関する地方委員会の意見に従うことになる[66]。

　以上を踏まえて地方行政機関は、説明報告書と規則から構成される PVAP 案を作成する。説明報告書は、文化財と、PVAP で扱われる境界上の自然景観の構成要素に関する、財産目録を含む診断に基礎を置きながら、PVAP の目的を示す。規則は、PVAP の配置計画、大きさ、

周辺と同様に特に資材についての新築あるいは既存の建築の質に関する規定、建物が建っている文化財や自然あるいは都市の空間の保全あるいは活用に関する規則、不動産、公共空間、記念物、景観、庭や庭園の境界画定、それらの保全あるいは修復を確保するのを可能にする規定と同様に、文化、歴史、建築の種類という理由で保護・保全し、活用し、新たな資格を与えられる植物や街路設備の特定を含むことが義務づけられる。建物が建っているあるいは建っていない、保護される不動産と同様、PVAP で守られる境界を図表資料が明らかにしなければならない。PVAP の規則は結局、PSMV と同様、文化遺産法典 L.632-1 条の適用される工事の許可申請の検討の際に、付随的に適用されることが想定される（文化遺産法典 D.631-13 条）。なお、PVAP の規則は、都市計画法典 L.111-15 条が想定する破壊あるいは取り壊された建物を忠実に再建する権利を妨げることはできない（C.E.2005 年 11 月 23 日判決）[67]。

　PVAP と都市計画の関係についてはまず、PVAP 案は都市計画法典 L.132-7 条および同 L.132-9 条で言及される公法人、つまり PLU の手続の枠組みに介入する同じ者たちの共通の検討対象となるので、PLU の内容と PVAP の内容の一貫性を促進することが重要である。次に、PVAP 案は環境法典で規定される国民アンケートの対象となり、この手続が国民を参加させる唯一のものとなる。PSMV と違って、PVAP に関しては事前協議が適用されないからである。また、PLU が PVAP と同時に作成される時には、共通する手続を与えることができるし、国民アンケートが PLU と PVAP の両方の案について同時に行われることになる（文化遺産法典 L.631-4 条 II 第 7 段落）。さらに、文化遺産法典は PLU に倣って、PVAP の見直しと変更という 2 つの手続を定める。見直しの手続は、区域の内容の全部あるいは一部を再検討することを可能にする。PVAP の変更の手続は、PLU の変更も伴う場合があり（文化遺産法典 L.631-4 条 III 第 3 段落）、これは PVAP と PLU の間の序列を明らかにする。他方、PVAP の見直しに関しては、文化遺産法典はそのような効果を規定していない。PVAP は、公益地役権（SUP）の性質をもつ。文化遺産法典 L.631-4 条は、PVAP が都市計画法典 L.151-43 条

の意味でのSUPの性質をもつと明言している。したがって、コミューンがPLUあるいはコミューン地図を備える時、その付属資料の中にPVAPの規定が完全に再現されなければならないということになる。PVAPの規定はさらに、都市計画に関する許可申請に対して、それ自体で対抗できる。しかし、PVAPの対抗力は都市計画文書の担当機関から、国土全体に適用される都市計画に関する規則を定めるという特権を奪わない。つまり、コミューンはZPPAUP内に含まれる地区にある建築文化財の保存を目的とする規則を定めることができる[68]。このことは、PVAPの規定とZPPAUPの規則の適用関係が問題となる余地を示している。

　PSMVの作成に関して重要視されるSPRに関する地方委員会とCNPAが、PVAPの適合について同じ役割を果たすことができる（文化遺産法典L.631-3条Ⅱ第2段落、同L.631-5条）。PSMVの採択は、工事の実施時に尊重されなければならない受動的地役権の設定をもたらす。もしPVAPが公益地役権（SUP）としてPLUの付属資料の中で図式的に報告されなければならないならば、PLUの作成とPVAPの作成が共通する手続の対象となりうる時から、2つの規則の全体間の矛盾リスクが懸念されなければならない。これは、変更あるいは見直しの場合と同じ現象である。税制に関しては、PVAPはPSMVと同じ効果すなわち所得減税をもたらす[69]。

Ⅲ．課題と展望

1．私有歴史記念物の保存、活用、管理

　これまで見てきたように、フランスは文化遺産の保護に関して充実した法制度をもつ国だが、これらの法制度は当初はあくまでも国有あるいは公有のものを適用対象としていた。後に公園として保護されることになった不動産の半数近くを占める私有の歴史記念物は、長い間、文化遺産の保護の範囲外に置かれてきたのである。公的な政治による私的な介入は望ましくないし、民間の所有者がその所有地について有する「絶対

権（droit absolu）」が、文化遺産の保護を妨げると歴史的に見なされてきたからである。しかし近年、「一般利益（intérêt général）」と「個別的利益（intérêts particuliers）」の間の伝統的な対比が薄れていることに伴い、民間の所有者は歴史記念物の保存・活用のパートナーであると同時に、考慮せざるを得ない当事者でもあると認識されるようになった。もっとも、歴史記念物を保護するという民間の所有者たちの意思は明らかだが、これらの意思は十分ではないので、目標にしっかり導く法制あるいは税制が必要不可欠であることが指摘されている[70]。これは、私有の歴史記念物の保護が、文化財政策の新たな目標として取り入れられる可能性を示唆している。

　文化財政策は「保存」「活用」「管理」という３つの目標をもつが、これらの目標は私有の歴史記念物について文化財政策を考える上でも有効である。まず、歴史記念物の保存とは、良好な状態を維持し、傷んだ時の修復も継続することを意味する。フランスの文化財政策において、私有の歴史記念物は国公有の記念物と同様、フランス観光の魅力に寄与し、広く国民に知られることで社会的つながりをなすことができる国家遺産の構成要素である。民間の所有者はしたがって、歴史記念物の保存の当事者であり、活動的な経済部門でもある。もっとも、歴史記念物の保存に関しては国が依然として決定的役割を担い、法的な意味での歴史記念物の公認や、歴史記念物の良好な保全のための科学技術的な監視も行う。国と民間の所有者の関係に着眼すると、国が民間の所有者に対して、不動産の良好な保全のために必要な工事を行うこと、さらに収用を要請する可能性が考えられる[71]。

　次に、歴史記念物の活用は、より深い意味において文化財を回復させる新たな構成要素を生み出すことを想定しており、中間消費として文化財を活用するサービスを作り出すことへと導く経済的な活用とは区別されなければならないことが指摘されている。つまり、歴史記念物の活用は、その保護と密接に関連し、２つの段階を含むというのである。前者は主に、建築上あるいは歴史上の質を活用するために、歴史記念物を活気づけることになる。人々による私有を認め、「メセナ（mécénat. 芸術・

文化の庇護）」を促進する場合もあり、観光の利益と歴史記念物の文化的使命の両立によって実現される。後者は歴史記念物の再利用のかたちで具現され、レセプションやセミナーの計画、博物館や競売会場の施設、文化財指定の受け入れ、ホテルや老人ホームの開業、団体や会社のための賃貸物件などになる。これらの場合、景観の完全な状態の尊重という問題が生じる。観光に頼ることは文化財への寄生あるいは安売りを導くという批判を背景に、再利用に同意しない歴史記念物は多い。特に、歴史記念物の元々の役割とそこに広がる活動の性質の適合という問題を踏まえると、元々あった場所の精神と両立しなければならないので、歴史記念物の配置と活用の問題は、その保護と密接に関連する。再利用は大建造物を破損する可能性があるし、歴史記念物の過剰利用が早過ぎる劣化を引き起こすリスクもある。保存と活用の問題が、修復工事の資金調達に必要な収益を生み出すために歴史記念物が活用されなければならず、同じ活用が破損を増大させ、したがって援助の必要性を増大させるという悪循環に変化することには、十分に留意しなければならないだろう。また、不動産の居住適性が問題であるならば、住居の条件を必然的に進歩させなければならない[72]。

　最後に、歴史記念物の管理については、誰が管理の責任を負うかが問題となる。財産の管理は、その取得、資金調達、税制、体制に精通していることを必要とするからである。当初は、保全の一般利益が民間の当事者の介入自体を拒み、大建造物の保護は収用や公的な管理を必然的に経ていたが、民間の当事者たちによる所持と管理の適法性が徐々に認められてきた。2009年には歴史記念物である不動産のほぼ半数となる49.5％（指定記念物の34.6％、登録記念物の65％）を、民間の所有者たちによる私有が占めるまでになった。私有歴史記念物の長所としては、1年間のうちの一定期間に人が住んでいる例が多く、文化財の保全がより効果的で、しかも所有者がその場所にとどまるので容易であることが指摘されている。また、公権力それ自体も、民間の所有者が管理することによる費用軽減を理由に、建築文化財の民間管理の長所を認めるようになった。歴史記念物の民間の所有者は、工作物の所有者の役割を強調する

2005年9月8日のオルドナンスによって、公的な所有者としてもそれら
の保全の責任を負う。工事の方法、歴史記念物の環境の変質の回避、す
べての景観を保存しながらの活用など管理に伴う問題は多いが、繰返し
悩まされるのが、歴史記念物の保全と活用のための資金調達である[73]。

2．私有歴史記念物と資金調達──補助金、租税免除

　私有歴史記念物の法的な保護は、「混合経済の非営利社団（association
d'économie mixte)」という、官民協働を必要とする混合の性質を示すこ
とになる。歴史記念物の保護を課すという公益を示す限り、保全目的は
地方公共団体の支援に必然的につながる。歴史記念物の保全は、地方公
共団体にとっては大建造物の利益につながると同時に記録として残る
し、フランスという国レベルの特例につながる。したがって、文化財政
策を利用するのに必要不可欠な科学技術および財政の援助を、国は民間
の所有者に提供することになる。フランスでは現在、国の科学技術的な
支援は、保存目標の実施、特に工事の進め方において顕著に行われる。
この場合、国は一定条件の下、工作物の所有者に、無料で科学技術的な
支援を提供する。他方で、活用と管理の目標を実施するための国の支援
は、ほぼ存在しないも同然である。民間の所有者たちに対して、見学へ
の開放、撮影ロケ、結婚式、企業セミナーなどによる適切な資源開発の
進め方を知らせて支援するという提案がなされることもあるが、こうし
た提案は「情報・支援」と「干渉・監視」の間の厳密な範囲の問題につ
ながるため、実用化が難しい。保全に結びついた強制によって既に制限
されている民間の所有者の私有財産に、公益がさらに打撃を与えること
になるからである。また、民間の所有者を管理の方法に着眼して、「相
続人タイプの所有者」「美術愛好家タイプの所有者」「投資家タイプの所
有者」「保護者タイプの所有者」という4つのタイプに分類した上で、
「保護者タイプの所有者」による管理に期待する見解もある[74]。

　以上のような民間の所有者の役割は科学技術的なものだが、大建造物
の維持と修復に必要不可欠な予算を提供するのも民間の所有者なので、
財政的な役割は特に大きい。工作物の所有者として、補助金の支払を期

待する前に、自身の金銭を工作物に資金提供しなければならないのも、民間の所有者である。しかし、社会経済の変化の下で歴史記念物は、本来の予算枠内の保護と共に、本質的な財源も徐々に失ってきた。広大な農地や森林の所有地は取り壊され、歴史記念物の維持に関する自己投資に必要不可欠な大きな収益をもはや生まない場所になった。歴史記念物によって生まれる収益は民間の所有者の活動次第だが、この活動が歴史記念物に資金提供するのに十分であることは滅多にない。1985年の「ヨーロッパの建築遺産の保護に関する条約（Convention for the Protection of the Architectural Heritage of Europe）」（通称「グラナダ条約」）は、文化財の維持と修復に関して民間のイニシアティブを促進し、建築遺産の保全、推進、活用が文化、環境、国土整備に関して政治的に大きな要素を構成しなければならないとする。しかし、文化遺産の経済的活用は需要と商業活動が共に弱いために難しく、先述の「保護者タイプの所有者」の場合はますます難しくなる。最終的には、多くの歴史記念物が保全と活用を両立することに成功しているが、予算は不安定である。つまり財政問題が本質的に残っているままなので、国の介入が結局は必要となる[75]。

　私有歴史記念物への国の財政支援は、直接的な資金調達である補助金などの予算措置と、間接的な資金調達である租税免除などの税制措置があり、現在のフランスでは後者が文化財政策の中心である。まず、前者の補助金による財政支援について、元老院文化問題委員会（Commission des affaires culturelles du Sénat）は、「経済発展の原動力としての文化財の役割」を特に強調し、2005年の「社会のための文化遺産の価値に関するファロ条約（Convention de Faro sur la valeur du patrimoine culturel pour la société）」（通称「ファロ条約」）の目的である「持続可能な経済発展の構成要素として、文化遺産の可能性に、より高い価値を与える」ことを促進する。また、経済的な結果と歴史記念物の収益性を混同してはならないことも指摘されている。なお、修復作業の昔ながらの仕事の方法と過程の実施を求めることが資金調達の要求の永続的な増大を導いており、特に見学に開放されると文化財の永続性が低下するので、ますま

すこの要求が増大するという問題もある。文化大臣による資金調達が低下すれば、他の大臣と交代することも可能である。例えば、文化的な投資は国土整備事業の一部をなすし、芸術上の利益を示す建築の構成要素のリノベーションは観光政策の性質をもつ。同様に歴史記念物は、環境保護さらに持続可能な開発に関与する。それでも、大建造物の資金調達の要求には十分に対応できていないのが現状である[76]。

　国はすべてを資金調達できないので、記念物の文化財の修復や活用の量は、記念物の所有者に適用される税制に大部分はかかっている。このことは記念物の所有者たちに、国の文化財の責任あるメセナになる可能性を与える。文化遺産法典の適用においては、一般租税法典（Code général des impôts）32 条の 2 の a、同 39 条の 1 および 4、同 156 条の I の 3° および II の 1°、同 795-A 条という租税規定が、歴史記念物として保護される動産および不動産に適用される。歴史記念物に対する特別な税制の出現は、1913 年の歴史記念物保護法が扉や窓への租税を廃止したように、まず消極的な措置によって明らかになった。この不動産税はフランス革命期に設けられ、窓が多くある不動産に住む納税者の富に打撃を与えると考えられていたが、実際には、課税対象を減らすために、特に窓がふさがれることによるファサードや建物の損壊を結果としてもたらした。この租税を廃止したことが、文化遺産の保護を考慮する最初の一歩になった。現在の文化財保護税制は 1935 年 10 月 30 日のデクレ・ロワ（décret-loi. 委任立法）と共に始まり、指定記念物に帰属する所得の免税が一定条件の下で定められ、1950 年に一般租税法典 157 条に原則として取り入れられた。所得税に関する特別な制度は現在、一般租税法典 156 条で定められているが、同条は 1965 年の財政法律 11-III 条および 1966 年 2 月 21 日のその適用デクレの一部に由来する。1965 年の財政法律は、所有者が主に居住している歴史記念物である不動産の占有から生まれた所得の税負担を免除した。また立法機関が、登録記念物や指定記念物の所有者たちについて、国税の適用除外制度を制定してきた。1935 年のデクレ・ロワで定められた税制を強く示唆しながら、この適用除外は、所有者たちの居住のためにあるいは財産の保全を実行

して税負担の一部を控除するための不動産の占有を、所有者たちに認める。歴史記念物の民間の所有者について特別な租税制度を制定する際に重要なのは、国が保護手段をもたない歴史的な文化遺産を、私人に一般利益の中で維持し活用するように促すことであるから、こうした制度は文化遺産法典が所有者に課す維持および修復の責任を考慮すると、十分に根拠があると考えられている[77]。

3．おわりに

　フランスの文化遺産の保護に関する法制度の特徴は、法体系と保護範囲という大きく2つの面で見いだされる。まず、法体系の面では、文化遺産に関する独立した基本法典である「文化遺産法典」をもつことに加えて、都市計画法典、環境法典、民法典、一般租税法典などフランスにおける他の基本法典にも、文化遺産の保護について多くの明文規定や関連条文が置かれている。とりわけ、都市計画法典を中心とした都市計画法制との連携が充実していることが、フランスの安定した文化財保護法制の要となっているのは確かである。次に、保護範囲の面では、文化遺産の周辺まで保護を広げるだけでなく、「周辺」の概念自体を拡大しようと試みていることや、特に都市部での文化遺産の保護の充実化を図るなど、保護範囲の広がりが近年は顕著である。

　しかし、私有歴史記念物の法的な位置づけは、充実した文化財保護法制をもつフランスにおいても未だ十分に明確とはいえず、文化財政策あるいは租税制度の観点からの課題は残されたままである。もっとも、1972年の世界遺産条約の採択を牽引したいわば「文化遺産先進国」であるフランスならではの、国際的な影響力に期待できるところもある。フランス最初の都市計画法典の制定と同年の1919年（大正8年）に日本最初の都市計画法（旧都市計画法）が制定され、両国共に国土面積が限られる中で必然的にゾーニング主体の都市計画法制が整備された経緯など、都市計画をめぐる日仏の状況の類似性はよく指摘されるところである。他方、日本の文化財保護法制は、現行法である1950年（昭和25年）の文化財保護法について、2018年に「過疎化・少子高齢化などを

背景に、文化財の滅失や散逸等の防止が緊急の課題であり、未指定を含めた文化財をまちづくりに活かしつつ、地域社会総がかりで、その継承に取組んでいくことが必要。このため、地域における文化財の計画的な保存・活用の促進や、地方文化財保護行政の推進力の強化を図る。」との趣旨の下で大規模な改正が行われたが、都市計画法制を含む国内の他の法制度との連携がそもそも明確には想定されていない。2018 年の文化財保護法改正が防災に関して多く言及していることを併せて考慮すると、文化財保護法制と都市計画法制の本格的な連携に急ぎ取り組む時期にあるといえるだろう[78]。文化遺産先進国としてフランスが先鞭をつけ、構築していく法制度のあり方は、豊かな文化遺産を擁する日本にとっても将来への指針となるはずである。感染症の世界的流行により価値観が一変した 2020 年を経て、変わりゆく社会の中、文化財を通して都市のアイデンティティーをもう一度見直すことが、激動の時代を生きるわれわれに託されている。

注

1) 同条約の和文テキスト（訳文）は、外務省 HP 無形文化遺産の保護に関する条約（略称「無形文化遺産保護条約」）(https://www.mofa.go.jp/mofaj/gaiko/treaty/treaty159_5.html 最終閲覧日 2021 年 5 月 4 日) 参照。

2) 日本国内で「文化財」と「文化遺産」の用語が併存することについて、例えば、文化財保護のようにものを指す場合には「文化財」が用いられ、世界文化遺産のように文化財の周囲を含める場合には「文化遺産」が用いられると説明されることがある。また、英語の "cultural property" には「文化財」、"heritage" には「文化遺産」「遺産」「ヘリテージ」の訳語が当てられることが多いとした上で、「文化財」と「遺産」の両用語は重なっているとして、「文化遺産」を主に用いる見解もある。本章では、1950 年の文化財保護法の制定時に英語の "cultural properties" を「文化財」と和訳した経緯や、1972 年にユネスコの第 17 回総会で採択されて 1992 年に日本も 125 番目の締約国として批准した「世界遺産条約」に基づく世界遺産の 3 つの分類の訳語、すなわち「文化遺産（Cultural Property）」「自然遺産（Natural Property）」「複合遺産（Mixed Property）」などを踏まえて、訳語を当てる。久末弥生『都市災害と文化財保護法制』（成文堂、2020 年）7-8 頁。

3) 久末弥生『考古学のための法律』（日本評論社、2017 年）75 頁。

4) Armelle Verjat, Préservation et mise en valeur des monuments historiques privés: la fiscalité de l'impôt sur le revenu, L'Harmattan, 2011, pp. 21-22; 久末・前掲注（3）89 頁、91 頁。

5) Pierre Soler-Couteaux, Élise Carpentier, Droit de l'urbanisme, 7e édition, Éditions Dalloz, 2019, pp. 409-411; Verjat, supra n.4 p. 22.

6) Verjat, supra n.4 pp. 22-23.

7) Henri Jacquot, François Priet et Soazic Marie, Droit de l'urbanisme, 8e édition, Éditions Dalloz, 2019, p. 654.

8) Soler-Couteaux, supra n.5 pp. 411-412.

9) Jacquot, supra n.7 p. 654.

10) Soler-Couteaux, supra n.5 p. 412.

11) Michel Prieur, Droit de l'environnement, 8e édition, Éditions Dalloz, 2019, p. 1228.

12) 「フランス建物建築家（ABF）」は、歴史的建造

物の管理に特化した建築家で、文化省所属の国家公務員として県に配置される。フランスの建築大学や建築学校の学生たちが憧れる、エリート職でもある。ABF 意見は大きな影響力をもつが、異議の対象になることもある。Jean-Michel Leniaud, Droit de cité pour le patrimoine, Presses de l'Université du Québec, 2013, p. 278.

13) Jacquot, supra n.7 pp. 654-655.

14) 久末・前掲注（3）88 頁。なお、1997 年 2 月 28 日の法律（Loi du 28 février 1997）は、ABF 意見とは別建てで異議申立の特別手続を導入し、ABF 意見の絶対主義を終わらせた。この手続は、2016 年の LCAP 法と 2018 年の ELAN 法によって、大幅に修正されることになった。Jacquot, supra n.7 p. 657.

15) Jacquot, supra n.7 p. 655.

16) SRU 法による都市計画法典の大規模改正については、久末弥生『都市計画法の探検』（法律文化社、2016 年）8-26 頁参照。

17) Soler-Couteaux, supra n.5 p. 412.

18) Jacquot, supra n.7 pp. 655-656.

19) Soler-Couteaux, supra n.5 p. 409.

20) Jacquot, supra n.7 p. 653 et p. 656.

21) Soler-Couteaux, supra n.5 pp. 412-413.

22) Jacquot, supra n.7 pp. 656-657.

23) Soler-Couteaux, supra n.5 p. 413.

24) Id.

25) 2000 年の SRU 法の最大の柱は、都市ネットワークを構築するための「連帯（solidarité）」にある。同法によって定められたのが、「都市計画ローカルプラン（PLU）」と「広域一環計画（SCOT）」である。PLU は各コミューンレベルの都市計画であるのに対して、SCOT はコミューン間協力レベルの都市計画であり、SRU 法の主眼は後者のレベルにあると考えられている。久末・前掲注（16）8 頁。

26) Soler-Couteaux, supra n.5 pp. 413-414.

27) Jacquot, supra n.7 p. 658.

28) Id.

29) Soler-Couteaux, supra n.5 pp. 418-419.

30) Soler-Couteaux, supra n.5 p. 419.

31) 久末・前掲注（3）70-71 頁。

32) Soler-Couteaux, supra n.5 p. 419.

33) 久末・前掲注（3）74 頁。

34) Soler-Couteaux, supra n.5 pp. 419-420.

35) Soler-Couteaux, supra n.5 p. 420.

36) Soler-Couteaux, supra n.5 p. 415.

37) Jacquot, supra n.7 p. 658.

38) Jacquot, supra n.7 pp. 658-659.

39) Jacquot, supra n.7 p. 659.

40) Id.

41) Prieur, supra n.11 p. 1229.

42) Id. p. 1230.

43) Id.

44) Id. p. 1231.

45) Id. p. 1232.

46) Jacquot, supra n.7 pp. 659-660.

47) Soler-Couteaux, supra n.5 p. 416.

48) Prieur, supra n.11 p. 1233.

49) Id. p. 1226.

50) Jacquot, supra n.7 pp. 660-661.

51) Jacquot, supra n.7 p. 661.

52) Jacquot, supra n.7 pp. 661-662; Soler-Couteaux, supra n.5 pp. 414-415.

53) Jacquot, supra n.7 p. 662; Soler-Couteaux, supra n.5 pp. 417-418.

54) Soler-Couteaux, supra n.5 p. 417.

55) Soler-Couteaux, supra n.5 p. 418.

56) Jacquot, supra n.7 pp. 662-663.

57) Jacquot, supra n.7 p. 663.

58) Id.

59) Soler-Couteaux, supra n.5 pp. 414-415.

60) Jacquot, supra n.7 p. 664; Soler-Couteaux, supra n.5 p. 415.

61) Jacquot, supra n.7 p. 665; Soler-Couteaux, supra n.5 p. 415.

62) Jacquot, supra n.7 pp. 666-668; Soler-Couteaux, supra n.5 pp. 415-416.

63) SRU 法は、従来の「土地占用プラン（POS）」を「都市計画ローカルプラン（PLU）」に改めた。久末・前掲（注 16）8 頁。

64) Jacquot, supra n.7 pp. 667-668.

65) Jacquot, supra n.7 pp. 671-672.

66) Jacquot, supra n.7 pp. 672-673; Soler-Couteaux, supra n.5 p. 416.

67) Jacquot, supra n.7 p. 673; Soler-Couteaux, supra n.5 pp. 416-417.

68) Jacquot, supra n.7 pp. 673-674; Soler-Couteaux, supra n.5 p. 417.

69) Jacquot, supra n.7 p. 674.

70) Verjat, supra n.4 p. 21.

71) Verjat, supra n.4 pp. 23-25.

72) Verjat, supra n.4 pp. 25-27.

73) Verjat, supra n.4 pp. 27-29.
74) Verjat, supra n.4 pp. 29-32.
75) Verjat, supra n.4 pp. 32-34.

76) Verjat, supra n.4 pp. 34-36.
77) Verjat, supra n.4 pp. 37-40.
78) 久末・前掲注（2）13-15 頁。

［資料］

●コンセイユ・デタ（2020年1月撮影）

コンセイユ・デタの正門

敷地内から見るコンセイユ・デタ

第2章

フランスの歴史的建造物の保護に関する法制度と都市の居住空間

I. はじめに

　都市の画一化が急速に進む現代において、歴史的建造物の価値が、本来の歴史的な意義に加えて、シティプロモーションの観点からも高まっている。他方、都市人口の増加に対応すべく、特に大都市における持続可能な住居の確保が、世界共通の長期的な課題となっている。近年は、頻発する大規模都市災害を背景に国土強靱化が急がれており、現代都市の強靱化を図る取り組みに、歴史的建造物の保存を早期段階から組み込んでいく必要がある。

　2021年3月には、鹿鳴館に隣接する「日本の迎賓館」として1890年（明治23年）に日比谷で開業した「帝国ホテル東京」が、長期滞在向けの「サービスアパートメント」事業を開始したことが話題となった。同事業に提供されるのは1983年に竣工されたタワー館だが、「都心の歴史的なホテルに住む」という居住スタイルが本格的に定着する先駆けになるだろう[1]。2021年5月には、昭和初期を代表する百貨店建築の1つである「高島屋東別館（旧松坂屋大阪店）」が、国の重要文化財に指定された。高島屋東別館は2020年1月に、フランスの長期滞在型ホテルチェーン「シタディーン（Citadines）」ブランドの下で「シタディーンなんば大阪」としてリノベーション開業しており、こうした居住スタイルを体現している。歴史的なホテルに対する関心は近年高まっており、例えば、第二次世界大戦以前に建てられ、その建物を維持し（改修、復原を

含む）、文化財や産業遺産などの認定を受けているといった条件を満たした9つのホテル（日光金谷ホテル、富士屋ホテル、万平ホテル、奈良ホテル、東京ステーションホテル、ホテルニューグランド、蒲郡クラシックホテル、雲仙観光ホテル、川奈ホテル）から結成される「日本クラシックホテルの会」では、「クラシックホテルパスポート」事業によるスタンプラリーを実施することで、新たな客層を獲得している。中でも1915年（大正4年）開業の「東京ステーションホテル」は、2003年に国の重要文化財に指定された東京駅丸の内駅舎内に位置しており、鉄道駅舎という歴史的建造物の保存と異業種であるホテルとしての活用を長期にわたって両立している事例として興味深い。これらはいずれも「歴史的建造物に住む」という、「歴史的建造物の保存と活用」の実現手法の1つの方向性を示している。

　都心の歴史的建造物に住むという居住スタイルはフランスで広く定着しており、特に首都パリでは歴史的なホテルが長期滞在向けの高級アパルトマンとして活用されるのが一般的である。また2021年6月には、ユネスコ世界文化遺産の「ヴェルサイユの宮殿と庭園（Palais et parc de Versailles）」のうち、1681年に建てられた歴史的建造物3棟のうち1棟部分が高級ホテル「ル・グラン・コントロール（Le Grand Controle）」として開業した。歴史的建造物を都市の住居と共存させるかたちで、死蔵ではなくある程度活用していくことが、結果的には長期的な保存につながることを熟知した、フランスならではのプロジェクトと言えるだろう。

　フランスでは近年、歴史的建造物の保護が都市法分野のみならず、「文化的環境（environnement culturel）」の保護の一環として、環境法分野でも論じられるようになってきた。人間によって建てられたすべてのものは、人間の欲求と歴史の表れであり、文化の発現でもある。社会を映し出す鏡である不動産の遺産が文化的環境を構成し、不動産の集まりが都市景観を構成することから、歴史的建造物の保護は、文化的環境、あるいは都市景観の美しさや調和を保護するために必要不可欠と言える[2]。本章では、歴史的建造物の保護に関する法制度の現状と、住居と

しての歴史的建造物の可能性について、フランスの法制度を手掛りに考察する。なお、日本語の「歴史的建造物」に近い言葉であるフランス語の "monument historique" は、記念建造物のニュアンスが強いことなどから、正確には「歴史記念物」の訳語が妥当と思われることは第1章で述べたが、本章では必ずしも歴史記念物ではないが歴史的景観を構成している不動産すなわち、より身近で趣のある古い建物を含むかたちで考察を進めるため、フランスについても、歴史記念物よりも広い概念としての「歴史的建造物」全般を論じることとしたい。

Ⅱ．都市景観の美しさの保護と都市計画法制

　人間が形成する都市空間は「都市景観」をもたらし、同様に田園空間は「自然景観」をもたらす。このうち後者については、自然景観の美しさの保護というかたちで、環境法分野において従来から積極的に論じられてきた。これに対して都市景観の美しさについては、工学とりわけ都市工学の分野において優れた先行研究が蓄積されてきた。例えばフランスの都市景観との関連では、ルネサンス期のパリで萌芽した「都市の美化」という古典主義的概念が、20世紀初めに登場した「ユルバニズム（urbanisme. 都市計画、都市工学）」という省察的・批判的・科学的性質を有する概念の影響を受けて、「都市美（beauté de la ville）」という、美は安定的に形成されていると捉える静的概念に変遷し、さらに20世紀後半からは開発に伴う景観破壊を背景に「都市景観（paysage urbain）」というキーワードが使われるようになったという分析が、日本国内でも既になされている[3]。

　フランスでは従来から、都市景観の美しさを保護するさまざまな都市計画法制が見られた。そもそも、フランス最初の都市計画法である「1919年3月14日の都市の拡大・整備法（Loi du 14 mars 1919 plans d'extension et d'aménagement des villes）」は「都市整備・美化・拡大プロジェクト」の策定を義務づけるものだったし[4]、フランスの景勝地や自然記念物の保護を初めて明文化した「芸術の特性をもつ景観および自

然記念物の保護を整える 1906 年 4 月 21 日の法律（Loi du 21 avril 1906 organisant la protection des sites et monuments naturels de caractère artistique）」（以下「1906 年法」という）が発展し、これに置き代わるかたちで制定されたのが、今日の景観保護法すなわち、「芸術、歴史、学術、伝説、絵になる美しさの特性をもつ自然記念物および景観の保護を整えることを目的とする 1930 年 5 月 2 日の法律（Loi du 2 mai 1930 ayant pour objet de réorganiser la protection des monuments naturels et des sites de caractère artistique, historique, scientifique, légendaire ou pittoresque）」（以下「景観保護法」という）である。特に、景観保護法が制定当初は自然景観の保護を目的としていたが、その適用範囲が徐々に広げられ、自然の構成要素と建物が建っている構成要素を含める「混合景観（sites mixte)」や、自然の構成要素を何も含まないあるいは二次的な方法でしか含まない「都市景観」を保護するためにも用いられるようになったことは、第 1 章で言及した通りである。また、「フランスの歴史的・美的な遺産の保護についての法を補完し、不動産修復を促進するための 1962 年 8 月 4 日の法律第 903 号（Loi n° 62-903 du 4 août 1962 complétant la législation sur la protection du patrimoine historique et esthétique de la France et tendant à faciliter la restauration immobilière）」（以下「マルロー法」という）は、フランスにおける歴史的景観の保護法制の起源であると共に、パリ第 3 区と第 4 区の両区にかかるかたちで「マレ保全地区」という風致地区（secteur sauvegardé）を設けて、都市景観の保護に本格的に取り組むための根拠法となった[5]。

1960 年代半ば以降、他国と同様にフランスでも、都市開発に伴う景観破壊から都市景観を保護するための攻防が続いたが、「自然景観の保護および活用と、国民アンケートに関して特定の法規を修正することについての 1993 年 1 月 8 日の法律第 24 号（Loi n° 93-24 du 8 janvier 1993 sur la protection et la mise en valeur des paysages et modifiant certaines dispositions législatives en matière d'enquêtes publiques）」（以下「自然景観法」という）の制定が、都市景観の美しさを保護する従来の法制度に対して新たな動きをもたらした。とりわけ自然景観法が、「建築、都市、

自然景観の遺産の保護区域（Zone de protection du patrimoine architectural, urbain et paysager: ZPPAUP）」として、従来の「建築および都市の遺産の保護区域（Zones de protection du patrimoine architectural et urbain: ZPPAU）」の対象を自然景観に広げたことは、都市景観と自然景観のつながりを人々に認識させると共に、自然景観の美しさのみならず都市景観の美しさについても、環境保護の概念が取り入れられる可能性を示す契機になったと考えられる。

Ⅲ．歴史的建造物の保護と都市景観、都市環境

　都市景観の美しさの保護については近年、「美しさ」と「環境それ自体」を混同する傾向、そして両者を引き離して論じるべきことが、フランスの法学者ミシェル・プリユール（Michel Prieur, 1940- ）によって指摘されている。環境保護は単なる美しさの保護ではないし、自然空間、植物相、動物相、生態学的なバランスに関わることと、人間が価値判断をもたらす建設用地に関することを、同一視できないし同等に扱うことはできない。もっとも、美しいという評価は不動産に対してより高い価値を与えることに寄与し続けるので、生活の枠組みひいては文化的環境に結びつく、というのである[6]。整理すると、都市景観の美しさの保護は文化的環境の保護につながるが、都市景観の美しさの保護のみをもって都市環境の保護と解することはできない、ということになるだろう。

　都市環境の質は、建造物の建築上の成功いかんにかかっている。それは、建築様式によって伝えられる美的な価値についての文化的評価の結果そのものである。建築上の質は、美しさのみならず、利用価値や連帯も考慮されなければならない。数多くの建造物の醜さやみすぼらしさが、建築家の役割に関しての論争の発端となったフランスでは、「建築についての 1977 年 1 月 3 日の法律第 2 号（Loi n° 77-2 du 3 janvier 1977 sur l'architecture）」（以下「1977 年法」という）が制定された。同法は、特に都会や田舎の入口においてフランスの美観が急速に損なわれることを考慮して、建築に対するフランス人の関心を引くことを望み、そのた

めには建造物が専門家たちのために保存される芸術としてではなく、生活の質や生活の枠組みの必要不可欠な構成要素であることが明確にわかるような規定を置く。同法1条によると、「建築は文化の表現である。建築上の創作、建築の質、周囲の環境へのそれらの調和した組込み、文化遺産と同様に自然景観あるいは都市景観の尊重は、公益である」[7]。

　環境への建物の組込みを実現するために1977年法は、元請業者が建築案を決めるために、建物の配置、構造、構成、材料や色の選択とそれらの量について書かれた計画および文書を通じて、「建築家（architecte）」に業務依頼するよう求める（都市計画法典L.431-1条）。ここに言う建築家の資格は、1977年法37条で定める要件を満たす建築家および適任者にしか割り当てられない。公認の建築家たちの新たな法的地位は、1977年法によって定められる義務を思い出させると共に、「景観、地形、気候への適応」についての文書を含むことを、すべての建築案に課す。さらに1993年の自然景観法が、環境への建物の組込みと視覚の影響、それらへのアクセスや周辺の取扱いについて、建築案が図あるいは写真の文書によって詳しく説明しなければならないことを付け加えた（都市計画法典L.431-2条、同R.431-7条から同R.431-12条）。なお、建物の内部空間の整備や設備、商業ショーウィンドーの工事については建築家への業務依頼を免除されるが、あくまでも建物の外観の視覚の変更をもたらさない修繕に限られる。また、「創作の自由、建造物、文化財に関する2016年7月7日の法律第925号（Loi nº 2016-925 du 7 juillet 2016 relative à la liberté de la création, à l'architecture et au patrimoine）」の制定以降、建築案、自然景観案、環境案は、整備許可証に従った土地建物区画（lotissement）を必要とする（都市計画法典L.441-4条）。なお、法的な問題として、建築許可証の申請に際して建築家に任せる内容を義務として加えると、1977年法に反すると考えられる建築上の質という理由で許可を拒否することについて、適法性の問題が新たに出てくることが指摘されている[8]。

Ⅳ. 建築援助、建築・都市計画・環境会議（CAUE）、各省間任務

　1977年法の制定を含む、建築に関する1977年の改革は、「建築援助（assistance architectural）」の体系化および制度化をもたらした。建築援助制度の下では、建築許可証の指示を伴う建築会議は、パートタイムで助言を行う建築家たちによって援助されながら、整備案や建造物の外観について工事管理者たちに助言を与えなければならない。工事管理者たちの自由は、建造物を組み込まれなければならない都市環境や自然環境に損害を与えないものでなければならない[9]。

　1977年法はまた、国民、議員たち、専門家たちに、建築を環境の効果的な手段にするという新たな政策意向を広めるために、「建築・都市計画・環境会議（Conseils d'Architecture, d'Urbanisme et de l'Environnement: CAUE）」（以下「CAUE」という）を各県内に設けた。フランスには今日、100近くのCAUEが存在し、CAUE全国連盟（fédération nationale des CAUE）によると、毎年1万件以上の活動が行われ、6万件以上の会議が開催されている。国の代表者たち、地方公共団体、関連する職業の人たち、適任の名士たち、地元の団体が参加して設立されるCAUEは、建築、都市計画、環境に関して、国民を援助して情報を与えることを主な役割とする。CAUEはさらに、建造物が建つ土地における投資の形成や改善に貢献し、建造物の建築の質を保証し、周囲の景観に建造物をうまく取り込むために、建築を望む人々にセミナーを無料で提供し、公的な団体や行政機関に助言を与えなければならない。「生物多様性、自然、自然景観の回復のための2016年8月8日の法律第1087号（Loi n° 2016-1087 du 8 août 2016 pour la reconquête de la biodiversité, de la nature et des paysages）」は、CAUEの使命を「環境（environnement）」および「自然景観（paysage）」に公式に広げるために、1977年法を修正した[10]。

　以上のような法制度は、フランスの歴史的建造物の保護において大きな役割を果たすが、特に歴史的建造物という点に着目すると、公共建造

物の質の再生のための「各省間任務（mission interministérielle）」が興味
深い。1977年10月20日のデクレ第1167号は、公共建造物の質のため
に、実験的なプログラムを推し進めて、公共工事管理者たちを育成し、
建築の質に関する規則を提案することを課す、各省間任務を生み出し
た。この任務は、関連する中央行政機関の長、「不動産管理および建築
に関する全国委員会（Commission nationale des opérations immobilières et
de l'architecture）」の委員長、「取引に関する中央委員会（Commission
centrale des marchés）」の事務総長、適任者たち（地方議員、建築家、利
用者の代表）で構成される理事会の権限下にある。各省間任務は、年次
報告書、実用ガイド、活動の報告をする書物なども刊行しているが、同
時期に実施されてきた建築援助に比べると成果が十分ではないと評価さ
れている[11]。

V．住居としての歴史的建造物の保護と都市の美しさ

　都市の美しさと建築を直接に考慮する規定は、都市計画法典に多く存
在する。最も重要なものは、以下のような条文である。

● 「都市計画ローカルプラン（Plan local d'urbanisme: PLU）」（以下
　「PLU」という）についての条文である都市計画法典 L.151-18 条は、
　地方の都市計画文書において、建築、都市景観、自然景観の質、遺
　産の活用、周囲の環境への建造物の調和した組込みに貢献するため
　に、新たな建造物、改築あるいは改修する建造物の外観に関する規
　則を定めるよう規定する。
● PLU の規則は、都市、建築、環境、自然景観の性質に関する規則
　を含み、建造物の大きさと配置計画（都市計画法典 R.151-39 条から
　同 R.151-40 条）、建造物の質（都市計画法典 R.151-41 条から同 R.151-
　42 条）、建物が建っていない空間および建造物の周辺の、環境およ
　び自然景観の取扱い（都市計画法典 R.151-43 条）に関することが、
　特に重要である。

1977 年法の制定以降、都市計画に関するフランスの国レベルの規則は、特に建築に関して、地面の利用に関する一般規則を含まなければならない。建築、規模、周辺の整備に関する規則に建造物が適合している時にしか、建築許可証を与えることができない（都市計画法典 L.421-6 条）。一般的な規定である都市計画法典 L.421-6 条は、建築許可証の拒否を可能にする、建造物の外観に関する同法典 R.111-27 条によって補完される。建築あるいはその外観が、景観、隣接する場所、自然景観や都市景観、記念物の眺望の保全を侵害するおそれがある時には、特別規定の条件の下で建築許可証を付与する。景観と記念物の眺望の保護を横断する、全体的に見た都市の美しさへの関心は、「パリ市のための 1911 年 7 月 13 日のカスタネ法」によって法制度として導入され、やがてフランス全土に広がっていった。なお、住居としての建造物の美しさや環境へのそれらの組込みを最も侵害する法的技術と考えられてきた、都市計画法典の規定の「適用除外」は、現在は一般利益という目的でしか認められなくなった。例えば、「2 つの住居としての建造物によって形成される、全体としての外観の美しさが向上する」ことを理由に、つまり建築上あるいは美しさの要求によって、適用除外が認められて適法とされた事例がある（CE, 25 oct. 1978, Bolot, Lebon 393）[12]。

　「都市の美しさ」をかつてのような「都市景観」のみならず、自然景観ひいては「都市環境」も包摂する概念と位置づけた上で、都市景観および都市環境の両方にとって重要な鍵となる良好な居住空間の確保に着目し、とりわけ目に見える美しい歴史的建造物を住居として保存・活用・管理する時期に、われわれは来ている。都市をめぐる価値観が急速に変化していく時代に、「持続可能な開発目標（Sustainable Development Goals: SDGs）」の目標 11「持続可能な都市：住み続けられるまちづくりを：包摂的で安全かつ強靭（レジリエント）で持続可能な都市及び人間居住を実現する」は、過去・現在・未来が共存する都市の在り方を問いかけていると考えられる。「歴史的建造物の保存と活用」という永遠の課題について、世界的な都市化の成熟を背景に、何らかの「活用」手法を真剣に考えなければならない。現代都市の歴史的建造物を将来の世代

に確実に託すための「保存」手法とは、実は「活用」と一体化したものであるというパラドックスが、歴史的建造物と居住空間の共存事例からは見えてくる。都市景観の一部として長く存在してきた歴史的建造物に美しさを見いだす時、われわれは都市を形成してきた過去の人々を思い、都市の普遍性に気づかされるのである。現代人のわれわれも、未来に託す都市の姿として、歴史的建造物に命を吹き込む発想が今、求められている。

注

1) 1923年（大正12年）にホテルに直結したショッピング街として、日本で最初のアーケード「帝国ホテルアーケード」を開業したのも帝国ホテルであり、長期滞在を想定した日本のホテルの草分けと言える。

2) Michel Prieur, Droit de l'environnement, 8e édition, Éditions Dalloz, 2019, p.1193.

3) 鳥海基樹「フランスの「都市の美化」―理念の萌芽と発展」同「フランスの都市美保全施策―その誕生と昇華」西村幸夫編著『都市美―都市景観施策の源流とその展開』（学芸出版社、2005年）39-40頁、51-52頁、54頁、58頁。

4) 久末弥生『考古学のための法律』（日本評論社、2017年）105-106頁、鳥海・前掲注（3）51頁。

5) マレ保全地区をめぐる歴史と議論の詳細については、荒又美陽『パリ神話と都市景観―マレ保全地区における浄化と排除の論理』（明石書店、2011年）参照。

6) Prieur, supra n.2 p. 1197.

7) Id. pp. 1197-1198.

8) Id. pp. 1198-1200.

9) Id. p. 1200.

10) Id. pp. 1200-1201.

11) Id. p. 1201.

12) Id. pp. 1202-1203.

[資料]

● パリ第9区の歴史的建造物を改装したアパルトマン（2020年1月撮影）

アパルトマンの外観

アパルトマンの居間

アパルトマンの台所

アパルトマンから見るパッサージュ・ヴェルドーの入口（中央部分）

● 帝国ホテル東京（2021 年 3 月撮影）

左側のタワー館が「サービスアパートメント」事業の展開エリア

●高島屋東別館、ホテルニューグランド（2020 年 10 月撮影）

高島屋東別館の外観

シタディーンなんば大阪（高島屋東別館内）

高島屋東別館の回廊

ホテルニューグランドの外観

ホテルニューグランドの本館2階「ザ・ロビー」

●東京ステーションホテル（東京駅丸の内駅舎内）（2021年9月撮影）

東京ステーションホテルの外観

ホテルの駅舎ドーム側客室

第3章

世界文化遺産と自然保護
── モン・サン・ミッシェルに見る文化遺産と自然の共存

Ⅰ. 19世紀までのモン・サン・ミッシェル
──修道院の修復と歴史記念物指定

　1979年に「モン・サン・ミッシェルとその湾」としてユネスコ世界文化遺産に登録され、2007年および2018年に範囲変更（緩衝地帯を拡大）された、フランスのモン・サン・ミッシェル（Mont-Saint-Michel）は、708年にアヴランシュの司教オベールが夢で大天使ミカエル（仏語でサン・ミッシェル）のお告げを聞き、それに従って当時は陸続きだった岩山に最初の教会を建立したところ、岩山が津波に襲われて一夜で海に浮かぶ孤島になったという伝説以来、世界で最も多くの観光客が訪れるカトリック聖地である。特に、966年に建設が始まったベネディクト会修道院は、数世紀にわたる増改築によってノルマンディー・ロマネスク建築やゴシック建築など中世のさまざまな建築様式が混在しており、人気が高い。もっとも、修道院を含めてモン・サン・ミッシェルは、14世紀から15世紀にかけての百年戦争（1337～1453年）でフランス軍の要塞として、16世紀の宗教戦争（1562～1598年、別名「ユグノー戦争」）でカトリック軍の要塞として本格的な要塞化が進められると共に政治犯たちの流刑地とされ、18世紀末のフランス革命（1789～1799年）時の破壊・略奪でベネディクト修道会が散会した後は、1863年まで監獄として使われるなど、その歴史は過酷なものだった。

　ルイ11世（Louis XI、在位1461-1483）の統治下で「海上のバスティーユ」としての役割が本格化したモン・サン・ミッシェルだが、ナポレ

オン 3 世（在位 1852-1870）が監獄を廃止し、最後の囚人たちが修道院から出て行ったのは 1863 年のことだった。その背景には、1836 年に歴史的建造物調査委員会のメンバーとしてモン・サン・ミッシェルを訪れたヴィクトル・ユーゴー（Victor Hugo, 1802-1885）がその荒廃した惨状を訴え、世論と議員たちが動いたという経緯があった。また、1834 年に 12 回目の火災に襲われた修道院を視察するために、火災の翌年の 1835 年に当時 21 歳の新進建築家ユージェーヌ・ヴィオレ・ル・デュク（Eugène Emmanuel Viollet-le-Duc, 1814-1879）はモン・サン・ミッシェルに 1 週間滞在し、修道院について絶賛する一方で、モン・サン・ミッシェル全体の損傷の大きさに衝撃を受けていた。ヴィオレ・ル・デュクは、2019 年に発生したパリ・ノートルダム大聖堂の大火災により崩落した尖塔の設計者として有名だが、モン・サン・ミッシェルの修復運動をユーゴーと共に率いたという点においても、フランスの文化遺産の歴史上、大きな役割を果たした。1863 年に監獄が廃止された後にモン・サン・ミッシェルが廃墟とならずに済んだのも、1872 年にヴィオレ・ル・デュクの推薦によって、エドゥアール・コロワイエ（Édouard Corroyer, 1835-1904）が歴史的建造物局の修復工事建築家に任命され、修道院の回廊と食堂の修復工事に着手したからである。なお、1872 年にコロワイエの妻の小間使としてモン・サン・ミッシェルに同行した女性は後に、モン・サン・ミッシェル名物料理のスフレオムレツを考案したメール・プラール（mère Poulard. プラール母さん）として広く知られることになる。

　1874 年に歴史的建造物（後の歴史記念物）に指定された修道院は大規模な修復工事の対象となり、それ以来、修道院を含むモン・サン・ミッシェル全体の修復は、現代まで中断されることなく続いている。また、1888 年に解任されたコロワイエの後任の修復工事建築家ヴィクトル・プティグラン（Victor Petitgrand, 1841-1898）が 1897 年に完成させた、修道院の 32 メートルの尖塔は、師のヴィオレ・ル・デュクが設計したパリ・ノートルダム大聖堂の尖塔にそっくりだった。同年に修道院は、「歴史記念物と工芸品の保護に関する 1887 年 3 月 30 日の法律」に基づ

いて歴史記念物に指定され、モン・サン・ミッシェルはフランスの文化遺産保護法制の萌芽期である 19 世紀末において、名実ともにフランスを代表する文化遺産となったのである。

Ⅱ．モン・サン・ミッシェルの海洋性回復事業 ——クエノン川河口ダムと渡り橋

1．1879 年の堤防路

　潮の干満差が激しいモン・サン・ミッシェルは、大潮時には完全に水に囲まれ孤島となるのに加えて、洪水にたびたび襲われるため、かつての巡礼はまさに命がけだった。しかし、修道院の建設が始まった 10 世紀には既に巡礼ブームによって、エルサレムだけでなくモン・サン・ミッシェルも多くの巡礼たちによって賑わうなど、観光客の殺到に伴うモン・サン・ミッシェルの酷使は、現代まで続く数世紀にわたる課題となっていた。そもそもモン・サン・ミッシェルには、紀元前 8000 年前から満潮時には 1 億立方メートルの水が毎日 2 度押し寄せるが、引き潮は満ち潮の 3 分の 1 の力しかないので毎回砂がたまって行く結果、湾の中には場所により 7 メートルから 14 メートルの厚さの堆積ができるようになった。砂は泥砂で貝殻、粘土、石灰が混じっており、12 世紀から 19 世紀までは農業肥料として使われていたが、堆積量を減らすことはできなかった。さらに、11 世紀から数世紀にわたってモン・サン・ミッシェル湾の自然環境に人の手が多く加えられたことが砂の堆積を助長し、少しずつ海は後退し、プレ・サレ（塩生湿地）が拡大していった。

　1838 年には満ち潮対策の防波堤が建設され、ポルダー（堤防路に囲まれ、排水可能な干拓地）として一層開発されたプレ・サレは、農業用埋立地として特に人参の栽培で大きな成果を上げた。19 世紀後半になると、モン・サン・ミッシェル湾に注ぐ大河のクエノン川を土木技術によって整備し、堤防路を築いてポルダーを増やそうという構想の下、1856 年から 1874 年にかけてデクレ（政令）がいくつも出された。堤防路建設の 3 つの目的として、第 1 に島内の住民の交通路として役立つこと、

第2にクエノン川の運河化、第3に湾をふさぐことによって干拓事業
（2450 ヘクタールの干拓地の確保）を後押しできることが挙げられ、堤防
路の建設費用として 77 万 2000 フランという多額の投資が国によって行
われた。他方で、1863 年の監獄廃止前後にあたる 1860 年から 1865 年
頃には巡礼ブームが再燃し、1870 年から 1871 年にかけての聖職者たち
の巡礼運動に加えて、1872 年に鉄道がポントルソン（Pontorson）まで
開通し、1901 年にはポントルソンからモン・サン・ミッシェルまでの
蒸気トラムウェイが開通するなど、鉄道と自動車が発達して行く 19 世
紀後半は観光客が激増した時期だった。1879 年に道路建設局が本土か
ら島まで堤防路を伸ばそうとしたため、歴史的建造物局の建築家として
コロワイエがこれに反対したが、道路建設局の発言力のほうが強く、全
長 2 キロメートルの堤防路がモン・サン・ミッシェル島内の奥まで乗り
入れるかたちで建設工事が完遂された。この堤防路によってクエノン川
の流れが変わり沈殿が早く進むようになり、潮の流れはせき止められ、
堤防路の両側には泥砂が堆積し、モン・サン・ミッシェルはますます砂
で埋まっていったのである。19 世紀以来、1 世紀の間に、1 億立方メー
トルの砂が堆積し、モン・サン・ミッシェルの周囲の海底は 3 メートル
近く持ち上がり、島の周囲が海でなくなるのは時間の問題と見られるよ
うになった。つまり、「もしこのまま何も取りかからなければ、2040 年
頃には、モン・サン・ミッシェルは取り返しのつかないほど砂で埋ま
り、プレ・サレに囲まれてしまうだろう」というのが、国際的な専門家
たちのはっきりした意見だった。こうした変化が聖地の精神を不可逆的
に一変させてしまうことが危惧された。

2．海洋性回復の意義とクエノン川河口ダム

　1995 年にフランス政府は、人類の宝であるモン・サン・ミッシェル
を将来の世代に望まれかつ保存される記念物として、将来の世代に託す
ために、ヨーロッパ連合（EU）、ノルマンディー地方、ブルターニュ地
方と共同で、「モン・サン・ミッシェルの海洋性回復」運動と呼ばれ
る、モン・サン・ミッシェルとその湾の環境整備事業を行うことを決定

した。1995年に調査を開始し、2005年に工事に着手し、2015年に一通り完成した同事業が求める「モン・サン・ミッシェルの海洋性回復」とは、岩山を本土から孤立させ、孤島へのより不確かなアクセスを取り戻すという役割を、潮汐に再び与えることだった。ダムの建設、1879年の堤防路の撤去、堤防路に代わる渡り橋の建設という大きく3つの工事が、2005年から3期にわたって進められた。クエノン川河口ダムの建設に先立って、1999年から建築工学のコンペが始まり、大河を妨害しないし閉じ込めもしない、全方向に開かれた公共の場所に設置される、安全装置かつ水のしみ透るものであると同時に水力制御装置である、「兵舎のようなダム」と呼ばれる設計が選ばれた。また、「セクター水門扉」という伝統的な水門扉システムが選ばれ、控えめかつ簡素なデザインで時代を超越し、最小限の取り組みと極めて地味なエネルギーを使う中で、景観の回復を目ざすという技術構想に基づくクエノン川河口ダムの建設工事は、「芸術の工事」とも評された。2009年末に完成した同ダムは、150万立法メートルの水を貯水し、引き潮に合わせて波を立てず静かに水を送るように放出し、堆積物をできるだけ沖まで流すという世界初のシステムをもつ。実際、2020年1月に著者が見学したクエノン川河口ダムの放水現場は、驚くほど静寂に包まれていた。潮汐の自然な力とクエノン川という大河の水力の混ざった水域の力を活用することが、モン・サン・ミッシェルの海洋性回復事業の鍵を握るとされていたところ、完成後のクエノン川河口ダムによる水力効果は絶大と評価され、続く渡り橋の建設工事にとっても追い風となった。

3．渡り橋の開通と旧堤防路の破壊

　クエノン川河口ダムの世界初のシステムは、1879年以来、潮汐の流れを押しとどめていた堤防路を、2015年に破壊することを条件としていた。その代わりに、3つの部分に分かれた全長約2キロメートルの道、すなわちクエノン川河口地点（ラ・カゼルヌ）からプレ・サレの上を渡る1000メートルの新堤防路、次に直径僅か25センチメートルの建材を使った12メートル間隔の橋脚部分を海水が自由に流れる760メー

トルの渡り橋、そして満潮時は海水に浸る 300 メートルの地面で島の入口につながる部分、を造成することになる。「渡る」精神に従って本土から島へのアプローチを一新しようとするモン・サン・ミッシェルの海洋性回復事業は大きな野望とも見なされるものだったが、2014 年に渡り橋が開通し、2015 年に旧堤防路が破壊されたことによって、「モン・サン・ミッシェルの海洋性回復」は完全に実現されたのである。

　堆積物の減少効果は 2015 年から顕著に現れており、同年には島の入口付近の旧駐車場も破壊されたことから、モン・サン・ミッシェルの海洋性回復事業はさらに、島の周辺に広い砂浜空間をつくること、そして島がより海洋性の完全な景観を取り戻すことを目ざして活動を続けている。また、長期的にはクエノン川を 2 つに分ける工事が予定されており、川の上流に水流を変える突堤を設置することで、水底の泥砂を除去することが期待されている。

Ⅲ. 「モン・サン・ミッシェルとその湾」と ユネスコ世界文化遺産、ラムサール条約、ナチュラ 2000

　モン・サン・ミッシェルの海洋性回復事業の成功を導いたクエノン川河口ダムと渡り橋は、陸と海、西洋と東洋、ブルターニュ地方とノルマンディー地方という、非物質的な対比モチーフのつながりを織り成すものとして、水域と人間の交流、ヨーロッパ史の基礎としての文化交流の表現という面においても高く評価されている。モン・サン・ミッシェルとその湾は、同時に陸上かつ海上であり、2 つの相対した環境の間にある対照的かつ急激な変化の景観として、潮汐と岩山の対戦の荒々しさを取り戻したのである。

　2011 年から 2015 年まではクエノン川河口ダムの上流と下流の水力調整が行われたが、それに伴い 2011 年から 2013 年までダムの上流約 5 キロメートルにわたって行われたクエノン川の泥砂の浚渫作業は、ヨーロッパヨシキリの生息地である約 10 ヘクタールの河岸のアシ原を破壊することになった。このため、労使組合（syndicat mixte）が求めた鳥の群

れへの悪影響の回避、削減、補償措置などを知事が認めた後で、浚渫作業は 2017 年まで続行された。こうした経緯もあり現在は、モン・サン・ミッシェル湾のアシ原については、7 つの異なった景観に関して、27 ヘクタールが再現されるか管理されなければならないとされている。

　景観の選定は、アシ原の原生地保護のためになるように介入を促す「ナチュラ 2000（Natura 2000）」の客観的な資料に基づきながら、湾全体規模で行われる。ナチュラ 2000 とは、EU 全加盟国の陸と海の両方に広がる、希少種や絶滅危惧種の繁殖や休息の中心地のネットワークである。このネットワークの目的は、EU の「鳥類保護指令」および「生息地保護指令」の両方に基づいてリストに記載される、ヨーロッパの最も貴重な絶滅危惧種や生息地の、長期的な存続を保証することである。モン・サン・ミッシェル湾に関しては、約 85 頭のアザラシの群れも、ナチュラ 2000 のリスト記載の保護種である。大イルカの群れと共に、アザラシの群れはモン・サン・ミッシェル湾で最も注目に値するとして、ナチュラ 2000 が定めた大きな方向性と利用活動についての目標文書を実現するために、2006 年には保全沿岸が指定された。具体的には、夏の繁殖期にアザラシが生活する土地の質を維持することで、アザラシの子の生存を脅かすかもしれない、起こりうる混乱を、最小限にとどめなければならないとされる。モン・サン・ミッシェル湾のアザラシの保護については、専門家たちと労使組合が密接に協働しており、ひとつは上空飛行のプロに向けて、もうひとつは湾のツアーガイドに向けて、アザラシの混乱を抑えるための適切な実践を定める 2 つの憲章をまとめるなど、専門家の監視を結集し、管理とコミュニケーションを継続的に行っている。

　モン・サン・ミッシェル湾の豊かさは、ユネスコ世界文化遺産登録に加えて、1971 年採択のラムサール条約（正式名称は「特に水鳥の生息地として国際的に重要な湿地に関する条約」）の「国際的に重要な湿地」に 1994 年に登録され、フランス国内の「優れた場所」、「生態環境、動物相、植物相の利益を有する自然地帯（Zone naturelle d'intérêt écologique, faunistique et floristique: ZNIEFF）」に認定されるなど、フランス全国、

EU、国際的なレベルで広く認められている。モン・サン・ミッシェル
の海洋性回復事業による環境整備が実現した今、フランスでは従来の文
化遺産としての位置づけ以上に、モン・サン・ミッシェルの「自然遺
産」としての質および多様性の将来的な保護に関心が高まっている。
1972 年にパリで採択された世界遺産条約（正式名称は「世界の文化遺産
及び自然遺産の保護に関する条約」）の主要な関与国であるフランスが、
ユネスコ世界文化遺産である「モン・サン・ミッシェルとその湾」につ
いて、むしろ自然遺産としての側面を重要視するようになったことは興
味深い。自然環境保護が文化遺産保護に直結する実例であるモン・サ
ン・ミッシェルの海洋性回復事業は、ユネスコ世界自然遺産やユネスコ
世界複合遺産のみならず、ユネスコ世界文化遺産、さらに人類の遺産全
般の保護を考える上で、自然環境保護が一層、求められていくことを示
唆している。文化遺産を取り巻く災害リスクがかつてないほど高まって
いる 21 世紀においては、文化遺産保護も見据えた自然環境保護政策
が、大規模自然災害による文化遺産の被災を防ぐ上で効果的と思われ
る。文化遺産と自然の共存を数世紀にわたって実現してきたモン・サ
ン・ミッシェルの姿は、現代に生きるわれわれの進むべき道を示してく
れる。

参考文献

ジャン＝ポール・ブリゲリ著／池上俊一監修／岩澤
　雅利訳『モン・サン・ミッシェル—奇跡の巡礼
　地』（「知の再発見」双書 158）創元社、2013
　年
ジェラール・ダルマズ『モン・サンミシェル』国立
　記念物センター文化遺産版、2008 年（パリ、
　国立記念物センター）
久末弥生『都市災害と文化財保護法制』成文堂、
　2020 年
『ノルマンディー　モン・サンミシェル』（「文化遺
　産の道程」シリーズ）国立記念物センター文化

遺産版、2011 年（パリ、国立記念物センター）
Marc Déceneux, Le Mont-Saint-Michel: Pierre à
　Pierre, Éditions Ouest-France, 2015
Thomas Jouanneau, Mont-Saint-Michel: la
　promesse d'une île, cherche midi, 2015
Dossier Environnement N° 3-Octobre 2016,
　Premiers Résultats des Suivis: Rétablissement
　du Caractère Maritime du Mont-Saint-Michel,
　Syndicat Mixte Baie du Mont-Saint-Michel,
　2016

[資料]

●モン・サン・ミッシェル（2020 年 1 月撮影）

修道院の尖塔

大通りの修復工事

メール・プラール本店

スフレオムレツの調理風景

クエノン川河口ダムの放水現場

歩車分離の渡り橋（左側が板歩道、右側がアスファルト車道）

渡り橋の橋脚部分

モン・サン・ミッシェルとその湾

第Ⅱ部

ニューノーマルと
都市の変容

第4章

新世紀の都市化へ
──パリ第9区の出現

　現代社会における都市のイメージは、19世紀に始まる「都市化の時代」を牽引したフランスの首都パリ、とりわけ19世紀後半から急速な都市化を実現したパリ第9区に、その原点を見いだすことができる。19世紀のパリにおける猛烈な人口増加を背景に、金融、不動産取引、商業、娯楽といった近代都市に不可欠な領域と、文化、芸術というフランスのアイデンティティーを支える領域のいずれにおいても、世界の中心地として繁栄したパリ第9区は、都市化の1つの到達点を早期に示したエリアでもあった。

　19世紀後半に本格化した都市化の時代すなわち人口の大都市集中の時代から約150年を経た今、2020年に生きるわれわれは新たな段階を迎える転換期に立っている。本章では、都市化の時代を象徴するパリ第9区に着眼し、現代まで継承されてきた都市のイメージを概観すると共に、新たな都市の展望を探る。

Ⅰ．はじめに

　2020年、新型コロナウイルス感染症の世界的大流行により、人々の価値観は一変した。いわゆる「ニューノーマル2.0（New Normal 2.0）[1)]」が世界で提言される中、人々が都市に求めるものも大きく変わろうとしている。現代社会における都市のイメージは、19世紀から20世紀前半にかけて都市化の時代の幕開けを牽引したフランスの首都パリに、その原点を見いだすことができる。中でもパリ第9区は19世紀当時、新世紀

に向けて急速な都市化を実現した行政区であり、都市化の時代を象徴するエリアとして興味深い。現在もなお、文化、芸術の中心地として「芸術の都パリ」を支え続けるパリ第9区は、サン＝ジョルジュ地区（quartier Saint-Georges）、ショセ＝ダンタン地区（quartier Chaussée d'Antin）、フォーブール・モンマルトル地区（quartier Faubourg-Montmartre）、ロシュシュアール地区（quartier Rochechouart）という4つの地区から構成され、218ヘクタールの土地面積とおよそ5万6000人の居住人口をもつ[2]。19世紀から1世紀を超えて続いてきた都市化の時代から、人類として新たな段階への移行を求められているとも考えられる今、都市はどのように変容しうるだろうか。

　本章は、都市化の時代を象徴するパリ第9区に着眼し、ほぼ1世紀にわたって都市が目ざしてきたものを概観することで、都市の展望を探るものである。なお、本章では数多くの「通り」に言及するが、フランス語の「大通り（Boulevard）」と「通り（Rue）」を明確に分けて和訳することで、類似の名称をもつ複数の「通り」を区別している。

Ⅱ．パリ第9区の形成の歴史

1．農業コロニーの誕生、ノートルダム・ド・ロレット教会の建立（紀元前〜17世紀）

　パリ市が20の行政区（arrondissement. 大都市行政区画）に移行したのは、オスマン知事（Georges-Eugène Haussmann, 1809-1891）時代の1860年のことである。なお、「パリ市の地位と首都の整備に関する2017年2月28日の法律第257号（Loi n° 2017-257 du 28 février 2017 relative au statut de Paris et à l'aménagement métropolitain）」により、2020年には従来のパリ第1区からパリ第4区までの4つの区を統合するかたちでパリ中央（Paris Centre）区が誕生した。同法は行政の簡略化を目ざすもので、新たな権限配分が国とパリ市の間で行われ、各区の区長の役割が強化されたが[3]、あくまでも行政上の統合であって、従来の4つの区が消滅したわけではない。

古くからの野菜畑だったパリ第9区のエリアは、1820年代から1850年代にかけて強力な都市化（urbanisation）の対象となり[4]、1860年にパリ第9区役所が「徴税請負人[5]オーニーの館（Hôtel d'Augny）[6]」に置かれた後は、19世紀から20世紀前半のパリの文化、芸術、金融、不動産取引、商業、娯楽などの中心地になっていった。その背景には、猛烈な人口増加という圧力の下で19世紀に始まる、人口の大都市集中があった[7]。地方からの転入によって増え続ける首都パリの人口は、1896年には既に250万人に達していた。つまり、19世紀のパリで発現した「都市化」は本質的に「人口の都市集中」と同義であり[8]、都市の人口は増え続けるというこの時代の前提と共に、都市のイメージとして21世紀の現代まで継承されてきたのである。

　太古の時代はセーヌ川に覆い尽くされていたパリだが、川水はやがて現在の河岸あたりまで徐々に引いていき、ベルヴィル（Belleville. 現在のパリ第19区と第20区のエリア）、ビュット・ショーモン（Butte Chaumont. 現在のビュット・ショーモン公園）、マルトル山（"mont" Martre. モンマルトル）の丘などが現れた。セーヌ川が引いた後に残された新生地は、植物で覆われた広大な沼地を形成した。9世紀のノルマン人の侵略の時にルイ2世（Louis II、在位877-879）は、すぐ水に浸るその土地の所有権を、サン・トポルテューヌ（Sainte-Opportune. フランス北西部のノルマンディー地方の中心部）のカトリック司教座聖堂参事会員たちが得ることを認めた。1134年にルイ6世（Louis VI、在位1108-1137）はモンマルトル大修道院を建立し、その領地がちょうど現在のパリ第9区の大半を占めていたのだが、この不毛の土地が乾き、野菜畑や牧草地になるには、さらに2世紀を要した。そこで作られた農産物はパリ市民や競合農家たちから非常に高く評価され、修道院という宗教的共同体は繁盛した。フィリップ2世（Philippe II、在位1180-1223）の治世下、カトリック司教座聖堂参事会員たちは所有地の賃貸を認め、3つの農業コロニー（colonie. 集落）が生まれ、これらがパリ第9区の形成起源となった。すなわち、現在のパリ第9区のフォーブール・モンマルトル地区の近くに「グランジ・バテリエール（Grange Batelière）」、現在のパリ第8区との境界に

「マチュラン（Mathurins. 聖三位一体会）」、現在のサント・トリニテ教会のあたりに「ポーシュロン（Porcherons）」という、3つの修道院付属農場村が生まれた。

16世紀になると、モンマルトルの丘の麓の沼地がようやく埋め立てられ、水路や溝が整備され、現在はリシェ通りとプロヴァンス通りのあるところがグランデグー（Grand Egout. 大下水道）となった。ルイ14世（Louis XIV、在位 1643-1715）が即位するまでパリ第9区のエリアは本質的に田舎で、先述の2つの通りとマルティル通り、ブランシュ通り、クリシー通り、将来はショセ＝ダンタン通りとなる田舎道といった数本の道しか通っていなかったが、サン＝ラザール通りだけは中世の乗り物が通る道路の1区間になっており、東西をつなぐ大きな幹線道路だった。1645年にはラマルティンヌ通りに初代のノートルダム・ド・ロレット教会が建立されたが、その頃には既に数多くのキャバレーもその区域に建てられていた[9]。

2．城壁の取壊し、大通りの創設、ショセ＝ダンタン地区の誕生（18世紀）

ルイ14世はパリ市の開放を宣言し、先代の王たちが築いた「黄色い堀（Fossés jaunes）」と呼ばれる城壁を撤去させた。彼は自身の足跡として大通りの創設を命じ、1680年から1705年までにカプシーヌ大通り、イタリアン大通り、モンマルトル大通り、ポワッソニエール大通りなどが整備され、それが現在の「グラン・ブールヴァール（Grands Boulevards. パリ第9区の南端を画する一連の大通りを意味する）」になった。これらの大通りは、パリ市の北部を重厚なパリ中心エリアに変え、魅力的な中心地として次第に繁栄していった。大通り沿いにはいくつもの貴族の邸宅がすぐにそびえ立ち、最初のカフェが開業し、会食趣味の新たな場所として上流社会に公認された[10]。今や世界の都市に普及したカフェ文化も、18世紀初頭のパリの大通り沿いのカフェに、そのルーツをたどることができるのである。こうしたパリ第9区のエリアにおける大きな変化はすべて、不動産侵奪（emprise. 行政によって一時的または恒久的になされる、私人の不動産に対するあらゆる占有取得）の手法による

ものだった[11]。

　ルイ 15 世（Louis XV、在位 1715-1774）は 1720 年に、パリ市民の人口
増加に直面して、城壁の外側に新たな地区（quartier）をつくることを
認めた。これがショセ＝ダンタン地区の誕生であり、現在のパリ第 9 区
役所である「徴税請負人オニーの館」を含めて、徴税請負人や銀行家た
ちは彼ら自身の社会的地位を高めるための特別に豪華な邸宅や、彼らが
パトロンとして保護する女優や歌手たちのための庭園に囲まれた素晴ら
しい邸宅を、競ってそこにつくらせた。これらの邸宅は収益を生む大き
な建物としてショセ＝ダンタン地区に残り、新たな長い通りが創設され
た。ショセ＝ダンタン地区は 1789 年のフランス革命後、フランス第一
帝政（1804 〜 1814 年）下で美しさを取り戻し、フランス王政復古（1814
〜 1830 年）下で人気が頂点に達することになる。1800 年に 54 万 7000
人だったパリ市の人口は 1827 年には 89 万人となり、銀行家たちは強力
な民間会社として再編成され、これらの会社がパリ第 9 区のエリア全体
について不動産管理網を形成していった[12]。

3．芸術の都パリとヌーヴェル・アテーヌ、百貨店ブーム、ピガール地 区の繁栄（19 世紀）

　1830 年代からはグラン・ブールヴァールがパリの中心となり、フラ
ンス第二帝政（1852 〜 1870 年）の頃には社交界とドゥミモンド（demi-
monde. 高級娼婦の業界）、芸術家と露天商、大富豪と浮浪者が隣り合っ
て、意気揚々と自分を見せびらかしながらぶらぶら歩く道路になっ
た[13]。大都市の大通りをそぞろ歩くという現代人の習慣もまた、その
ルーツを当時のパリに見いだすことができるだろう。

　1821 年に最初のパリ・オペラ座がペルティエ通りに創設された[14]パ
リ第 9 区のエリアは、文化、芸術の中心地となった。とりわけ、後世に
おいて「芸術のシャンゼリゼ大通り」と称されることになるトゥール・
デ・ダム通りや、同通り沿いのいくつもの伝説的な邸宅が「モンマルト
ルの丘の麓にあるヌーヴェル・アテーヌ（Nouvelle Athènes）[15]」として
1820 年代に発展し、1824 年にサン＝ジョルジュ地区として整備された

エリアは、ロマン主義の聖地になった。ヴィクトル・ユーゴー（Victor Hugo, 1802-1885）がヌーヴェル・アテーヌについて「神は古代人のためにローマを、新しい人のためにパリをつくった」と述べたように[16]、芸術的かつ知的なあらゆる革命のるつぼの都市としてのパリすなわち「芸術の都パリ」を、パリ第9区は確かに支えてきたのである。

　1860年のパリ市の行政区の併合（annexion）[17]によって公式に誕生したパリ第9区はまた、美術市場、金融、不動産取引、商業、娯楽の中心地でもあった。ラフィット通りの画廊やオークションハウスの「オテル・ドゥルオー（Hôtel Drouot）」は業者や収集家たちを引き寄せたが、これらのエリアも1860年の併合でパリ第9区となり、さらに1867年に完成した建築家テオドール・バリュー（Théodore Ballu, 1817-1885）による豪華なサント・トリニテ教会が同区を飾った。パリ第9区の4つの地区すなわち、サン＝ジョルジュ地区、ショセ＝ダンタン地区、フォーブール・モンマルトル地区、ロシュシュアール地区の合流地点には、2代目のノートルダム・ド・ロレット教会が1836年から既に鎮座しており[18]、パリ第9区の核となる象徴的存在だった。

　20世紀への移行期における百貨店の誕生は世界の商業界を大成功に導いたが、パリ第9区に現存し、いずれも歴史記念物（monument historique）に指定されている1865年創業の「プランタン（Printemps）」と1893年創業の「ギャラリー・ラファイエット（Galeries Lafayette）」は、世界最初の百貨店と言われるパリ第7区の1852年創業の「ボン・マルシェ（Au Bon Marché. 現在はLe Bon Marchéに改名）」と共に百貨店ブームを牽引した。19世紀末はまた、パリ第9区と第18区の両区にかかるピガール（Pigalle）地区が行政の制限に対する反逆区であり、芸術家たちを非常に重んじるたまり場として栄えた。画家トゥールーズ＝ロートレック（Henri de Toulouse-Lautrec, 1864-1901）の作品の背景には、有名なキャバレーで熱狂するボヘミアンやほろ酔いの陽気なブルジョワが描かれているし、詩人ボードレール（Charles-Pierre Baudelaire, 1821-1867）はピガール広場の常連だった。パリ第18区で今も営業を続ける1889年創業の「ムーラン・ルージュ（Moulin Rouge）」[19]や、同区の伝説的な文芸

キャバレー「シャ・ノワール（Chat noir）」、パリ第9区にかつて存在したキャバレー「バル・タバラン（Bal Tabarin）」は繁盛を極め、後にシャンソンの曲名にもなった「ピガールとブランシュの間」（ピガール広場とブランシュ広場の間、の意味）とロシュシュアール大通りには、トランプ占い師、レスラー、口ひげをたくわえた重量挙げ選手たちの小屋が広がっていた。また、いずれもパリ第9区に現存する「カジノ・ド・パリ（Casino de Paris）」、「フォリー・ベルジェール（Folies-Bergère）」、「オランピア（Olympia）」などの劇場には当時と同様、今も数多くの観客が訪れる[20]。このように、百貨店での買い物、飲食を伴う夜遊び、観劇といった当時の商業や娯楽の新システムは、1世紀を経た現代生活にすっかり根付いたのである。

Ⅲ．パリ第9区の4つの地区の歴史的背景と特色

1．パリ第9区の現状と課題

　21世紀の今日、豪華絢爛さや莫大な財産などはパリ第9区からパリ市の西部に移り、シャンゼリゼ大通り（パリ第8区）がグラン・ブールヴァールの伝統を引き継いだ。しかしパリ第9区は今も文化、芸術の中心地であり、特にサン＝ジョルジュ地区全体とロシュシュアール地区の北部が近年、再びブルジョワ化している。他方、ショセ＝ダンタン地区とフォーブール・モンマルトル地区は、職人たち、小商いたち、中間層のパリ市民たちによって占められており[21]、パリ第9区の中では長い間地味なエリアのロシュシュアール地区の南部を含めて、パリ第9区全体の再生が模索されている。そこで、パリ第9区の4つの地区すなわち、サン＝ジョルジュ地区、ショセ＝ダンタン地区、フォーブール・モンマルトル地区、ロシュシュアール地区について、歴史的背景と特色、さらに現在の位置づけを概観したい。

2．サン゠ジョルジュ地区
――「芸術の都パリ」の核心、大規模不動産取引

(1) チボリ公園の誕生、ヌーヴェル・アテーヌの成功、高級住宅地分譲

サン゠ジョルジュ地区は、パリ第9区を4分割した北西部分に位置し、行政的にはアムステルダム通り（西端）、サン゠ラザール通り（南端）、マルティル通り（東端）、クリシー大通り（北端）によって囲まれる、面積においてパリ第9区内で最大の地区である。これらの通りはモンマルトルの丘への急な坂道につながることから、サン゠ジョルジュ地区は「モンマルトルの丘の麓」としばしば呼ばれている[22]。ヌーヴェル・アテーヌやトゥール・デ・ダム通りなど、ロマン主義に関する伝説的な場所が点在するサン゠ジョルジュ地区は、「芸術の都パリ」を支えるパリ第9区の核心を成しており、文化、芸術の中心エリアとしての位置づけは今も不動である。つまり、「芸術の都パリ」というブランドを創出し、その価値を維持し続けているエリアと言える。

12世紀に建立されたモンマルトル大修道院の領地は、モンマルトルの丘の頂上から南に向かって広がり、将来のサン゠ジョルジュ地区のおよそ4分の3を覆っていた。17世紀末までこの地区は本質的に田舎だったが、ブランシュ通りやクリシー通りのように古くからある道、あるいはポーシュロン村と大修道院を結ぶピガール通りくらいしか、溝をまだつけられていなかったこの地区に、17世紀初め、新たな通りが横方向につくられ、広々とした庭園のある邸宅の建設が可能になった。また、パリの町とモンマルトルの丘の間の人々の往来に着眼した居酒屋や宿屋の主人たちも定住するようになり、入市関税事務所が隣接するブランシュ門付近の有名なキャバレー「グランデ・ピンテ（Grande Pinte）」は繁盛した[23]。田舎から町中に入る通り沿いに、居酒屋やキャバレーなどの歓楽街があり宿屋が建ち並ぶという光景は、現代人にも見慣れたものだろう。

フランス革命直前に建設された「徴税請負人の壁（mur des Fermiers généraux）[24]」はパリ市の北部に入市関税を集めることになり、パリ郊外の居酒屋という新たな市門が、パリの中心に人口を引き寄せる魅力の

要因になった。人々はより安い値段でワインを飲み、居酒屋で楽しむようになった。同時期にパリ市はサン＝ジョルジュ地区のほぼ全体を含む、モンマルトルのコミューン（commune. 市町村）の一部を吸収し、猛烈な人口増加の下でパリ第9区のエリアの都市化が始まった。

　他方、1720年にルイ15世によって創設された新たな地区、ショセ＝ダンタン地区の成功は、同地区の北に位置するサン＝ジョルジュ地区に波及していった。1730年代になると陸軍元帥リシュリュー公（maréchal-duc de Richelieu, 1696-1788）がクリシー通りに「フォリー（folie. 豪華な別荘。"狂乱"も意味する）」を建設させ、徴税請負人たちがすぐに模倣したが、これらのフォリーのうち徴税請負人ガイヤール・ド・ラ・ブエキシエール（Jean Gaillard de la Bouëxière de Gagny, 1676-1759）のものが、ブランシュ通りとクリシー通りの間のエリアの北部を占めていた。この大きな空間は17世紀末に、遊園地の先駆けである「チボリ公園（Tivolis）」に生まれ変わることになる。チボリ公園は一般市民に開放され、奇抜さや想像力を競った[25]。サン＝ジョルジュ地区の南西角、将来のサン＝ラザール駅に隣接するエリアにあった資本家ブタン（Simon-Gabriel Boutin, 1720-1794）のフォリーが最初のチボリ公園（大チボリ公園、1795〜1810年営業）となり、より北側に位置する2つのフォリー、すなわちリシュリュー公のフォリーが2番目のチボリ公園（第2チボリ公園、1810〜1826年営業）、ブエキシエールのフォリーが3番目のチボリ公園（新チボリ公園、1826〜1842年営業）として、それぞれ後に続いた。

　1823年10月18日の「ジュルナル・デ・デバ（Le Journal des débats）」紙で歴史学者デュロー・ドゥ・ラ・マレ（Adolphe Dureau de la Malle, 1777-1857）は、「パリの新地区への手紙」欄にサン＝ジョルジュ地区の特にヌーヴェル・アテーヌのエリアの誕生を祝う記事を寄稿した。「この新地区は、呼吸する空気が健康に良く、カナル・ド・ルルク運河が新鮮な水を運んで来て、幸運にも南向きで（北側はモンマルトルの丘であることが保証される）、適度に高台であることによって美しい眺めを享受し、それがヴァレリアンの丘と樹木の生い茂ったムードンの小さな丘ま

で続き、商業や娯楽の中心地の近くという地理的位置にもかかわらず混乱や迷惑を感じないし、人里離れたかつ活気のある隠れ家を提供するように思われるので、すぐに詩人、芸術家、学者、旅行者、軍人、政治家たちを引きつけた。彼らは瞑想のための隠れ場、あるいは野望や栄光の幻惑からの逃げ場を探していた。」という称賛の記事を書いた彼自身も、サン＝ジョルジュ地区のロシュフコー通り11番地の住人だった。そもそもヌーヴェル・アテーヌは、マルティル通り（東端）、サン＝ラザール通り（南端）、ブランシュ通り（西端）の間に位置し、トゥール・デ・ダム通りという重厚な中心地をもち[26]、サン＝ジョルジュ地区全体の３分の２を占める東側エリアに相当する。パリ第９区のサン＝ラザール通り、ブランシュ通り、ピガール通り（現ジャン＝バティスト・ピガール通り）、クリシー通りは、「小さな家（petite maison）」つまり銀行家や貴族たちがパトロンとして保護する女優や歌手たちのために建設させた豪華な邸宅が増加しているエリアだった。人々は大規模な不動産取引を開始し、これらのうちヌーヴェル・アテーヌが、現存の最も有名なエリアとなった[27]。端的に言えば、高級住宅地開発の始まりである。

　ヌーヴェル・アテーヌののどかな光景を背後に、パリでは商業や不動産投機が顕在化したが、この動きは1820年代初めのトゥール・デ・ダム通りの分譲に加えて、それぞれが新地区、新教会であるサン＝ジョルジュ地区の分譲と２代目のノートルダム・ド・ロレット教会の建立に由来していた[28]。まず、トゥール・デ・ダム通りの高級住宅地分譲計画では有力者たちが競って邸宅を建設し、この動きはサン＝ジョルジュ地区の他のエリアにも急速に広がった。次に、1824年にサン＝ジョルジュ広場が中心となる高級住宅地分譲と、ノートルダム・ド・ロレット通り、サン＝ジョルジュ通り、ラ・ブリュイエール通りの開通が許可された。ナヴァラン通り、クロゼル通り、ブレダ通り（現アンリ＝モニエ通り）が生まれると同時に、かつてのチボリ公園上に位置する、アムステルダム通り（西端）、サン＝ラザール通り（南端）、クリシー通り（東端）によって囲まれる三角地帯（サン＝ジョルジュ地区全体の５分の１ほどの西側エリア）が分譲された。パルム通り、リエージュ通り、ミラン通

り、アテーヌ通りが生まれ、サント・トリニテ教会とヨーロッパ広場を結ぶロンドル通りがパリ北西部への道を開いた。さらに、1840年代になると、サン＝ジョルジュ地区の北西端、クリシー大通りの角の下のエリアに、カレ通り、ブリュクセル通り、ヴァンティミル広場、ドゥエ通りが生まれ、同地区はほぼ現在の外形になった。建築家バリューによる荘厳なサント・トリニテ教会のおかげで、サン＝ジョルジュ地区は1867年に超高級住宅地のエリアを割り当てられることになり、バリュー通りやシャプタール通りといった静かな通りには、霊感を求めて才能ある数多くの芸術家たちが住んだ。特に「スクエアドルレアン（square d'Orléans）」のような、特権者たちに割り当てられた一部の民間の高級集合住宅地は真に静かな隠れ家として、作曲家ダニエル＝フランソワ＝エスプリ・オベール（Daniel-François-Esprit Auber, 1782-1871）らが暮らした[29]。ここでスクエアドルレアンとは、1829年にヌーヴェル・アテーヌのエリア内に位置する現在のタイブー通り（当時はまだ開通していなかった）80番地に建設された、中庭を囲んで4つの高級アパルトマンが集まる閑静な一角で、歴史記念物にも指定されている。

　サン＝ジョルジュ地区が高級住宅地分譲計画で大成功した背景には、パリ市の人口の猛烈な増加によって引き起こされた、住まいへの要求があった。新興階級のブルジョワは最新の快適さを渇望し、非衛生的な、旧地区を捨てたのである[30]。

(2) 第二帝政からベル・エポックまでの住人たちとロマン主義

　フランス第二帝政（1852〜1870年）からベル・エポック（1880年頃〜1914年）までの間、パリ第9区の平穏な大通りには、パリが誇る文学、音楽、絵画のすべてがあった[31]。ここで改めてフランス第二帝政とは、ナポレオン1世（Napoléon Bonaparte、在位1804-1815）の甥であるナポレオン3世（Napoléon III、在位1852-1870）の治世で、1853年に始まるパリ大改造や、1854年のデクレ（décret. 政令）によってエトワール広場から放射状に12本の大通りが通されるなど、「オスマン時代（temps d'Haussmann. 当時のセーヌ県知事のオスマン男爵の名に由来する）」とも呼

ばれる近代都市計画の萌芽期である[32]。またベル・エポック（belle
époque）とは、「美しき良き時代」を意味し、19世紀末から20世紀初
頭における（正確な始期および終期については諸説あるが、始期については
1880年、終期については第1次世界大戦が勃発する1914年までとするのが
一般的である）、文化、芸術の繁栄期、特にパリの全盛期を指すが[33]、パ
リ第9区、その中でもサン＝ジョルジュ地区こそがパリの核心だったと
位置づけられる。つまり、新興階級のブルジョワたちだけでなく、ロマ
ン主義世代すなわち古き良きパリの礼賛者たちもまた、新しいパリの作
り手だった[34]。

　1860年のパリ市の行政区の併合以来、もはやパリの町外れではなく
なったパリ第9区のピガール広場とそこの有名なキャバレー「ラ・モー
ル（Rat Mort）」や「テレム大修道院（l'Abbaye de Thélème）」は、「カ
フェ・ド・ラ・ヌーヴェル・アテーヌ（Café de la Nouvelle-Athènes）」
をたまり場とする芸術家たちを引き寄せた。1885年にパリ第9区の現
ヴィクトル・マセ通りに移転したキャバレー「シャ・ノワール」の電撃
的な成功はパリの名士たちを引き寄せ、画家テオフィル・スタンラン
（Théophile Alexandre Steinlen, 1859-1923）によって描かれた黒猫（シャ・
ノワール）のポスターは世界中で作られた。同じ通りではキャバレー
「バル・タバラン」が20世紀初頭に大成功を収め、クリシー通りの「カ
ジノ・ド・パリ」では「黒いヴィーナス」の異名をとったジョセフィ
ン・ベーカー（Joséphine Baker, 1906-1975）が美しい時代を生み出した。
また、ブランシュ通りの「パリ劇場（thèâtre de Paris）」、サン＝ジョル
ジュ通りの「サン＝ジョルジュ劇場（thèâtre Saint-Georges）」、クリシー
通りの「制作座（thèâtre de l'Œuvre）」[35]はすべて現存し、当時の活気を
なお維持している[36]。

　サン＝ジョルジュ地区にはロマン主義に関する伝説的な場所が多く現
存するが、トゥール・デ・ダム通り（"芸術のシャンゼリゼ大通り"）、ス
クエアドルレアン（4つの高級アパルトマンに囲まれた閑静な一角）、ヌー
ヴェル・アテーヌ（サン＝ジョルジュ地区全体の3分の2相当の東側エリ
ア）、という大きく3つの分類に沿って整理できる。1820年代からの高

級住宅地分譲後のサン＝ジョルジュ地区の主な住人たちは、次の通りである。

①トゥール・デ・ダム通りの住人たち

● 帝国元帥グーヴィオン＝サン＝シール（Gouvion-Saint-Cyr, 1764-1830）

トゥール・デ・ダム通り1番地（1820〜1824年）。

● 女優マドモアゼル・マース（Mademoiselle Mars, 1779-1847）

トゥール・デ・ダム通り1番地（1824〜1838年）。

● 大公ワグラム（prince de Wagram, 1810-1887）

トゥール・デ・ダム通り1番地（1840〜1887年）。帝国元帥ベルティエ（Louis-Alexandre Berthier, 1753-1815）の息子。

● 女優マドモアゼル・デュシェノワ（Mademoiselle Duchesnois, 1777-1835）

トゥール・デ・ダム通り3番地（1804〜1834年）。財政難で1834年に邸宅を売却し、ヌーヴェル・アテーヌのロシュフコー通り7番地に転居し、そこで1835年に死去した。

● 女優アリス・オジー（Alice Ozy, 1820-1893）

トゥール・デ・ダム通り3番地（1834〜1844年）。

● ワグラム大公妃ゼナイード（princesse Zénaïde de Wagram, 1812-1884）

トゥール・デ・ダム通り3番地（1844〜1854年）。トゥール・デ・ダム通り1番地の隣。1854年からは、大公ジョアシャン・ミュラ（prince Joachim Murat）と結婚した、娘のマルシー（Malcy）が住んだ。

● 悲劇俳優フランソワ＝ジョゼフ・タルマ（François-Joseph Talma,1763-1826）

トゥール・デ・ダム通り9番地（1820〜1826年）。1787年にコメディ・フランセーズでデビューし、ナポレオン1世の贔屓の俳優になった。この邸宅で1826年に死去した。

●画家オラース・ヴェルネ（Horace Vernet, 1789-1863）

マルティル通り11番地のアトリエを1821年に離れたが、隣人の画家テオドール・ジェリコー（Théodore Géricault, 1791-1824）のためにそこを所有し、自身はトゥール・デ・ダム通り5番地の邸宅を購入した。1835年には隣のトゥール・デ・ダム通り7番地の邸宅を、画家ポール・ドラローシュ（Paul Delaroche, 1797-1856）の妻だった、娘のルイーズ（Louise）のために購入した。ドラローシュ一家はそこに、1861年まで住んだ。ヴェルネは「フランス歴史博物館（Musée de l'Histoire de France）」で働くためにヴェルサイユに住むことになり、1838年にトゥール・デ・ダム通り5番地の邸宅を売却した。この邸宅はアトリエとして、さまざまな芸術家たちに賃貸されることになった。

●画家トマ・クチュール（Thomas Couture, 1815-1879）

トゥール・デ・ダム通り5番地のアトリエの最後の住人。この邸宅は1852年に、現存の建物に建て替えられた。

②スクエアドルレアンの住人たち

●作曲家ダニエル=フランソワ=エスプリ・オベール（Daniel-François-Esprit Auber, 1782-1871）

サン=ラザール通り36番地に、両親の古くからの土地を所有していた。

●女優マドモアゼル・マース（前掲）

サン=ラザール通り36番地の土地を、1824年に購入した。

●建築家エドワード・クレッシー（Edward Cressy, 1792-1858）

サン=ラザール通り36番地の土地を1829年に購入し、建築家ジョン・ナッシュ（John Nash, 1752-1835）がロンドンで実現したものに倣って、1830年代初めに、中央に中庭と噴水のある英国風の小公園を整備した。これが、スクエアドルレアンの始まりである。

●劇作家アレクサンドル・デュマ（Alexandre Dumas, 1802-1870. "大デュマ"）

スクエアドルレアンの最も有名な住人の1人。1831年にスクエア
ドルレアンのアパルトマンに住み、パリの名所としてスクエアドル
レアンを決定的に売り込んだ。

- 彫刻家ダンタン・ジャン（Dantan Jeune, 1800-1869）
1835年にスクエアドルレアン7番地に住み、現在のタイブー通り
にあった大きな建物に沿って広大なギャラリーを設置したが、タイ
ブー通りの開通によって立退きを迫られた。1859年にスクエアド
ルレアンを離れた後は、ヌーヴェル・アテーヌ内のブランシュ通り
41番地の邸宅に住んだ。

- 作家ジョルジュ・サンド（George Sand, 1804-1876）
1842年からスクエアドルレアン5番地に住んだ、スクエアドルレ
アンひいてはロマン主義の伝説的な存在。ショパンが住んだアパル
トマンは、中庭の向かい。

- 作曲家フレデリック・ショパン（Frédéric Chopin, 1810-1849）
スクエアドルレアン9番地に住んだ（1842～1849年）、スクエアド
ルレアンひいてはロマン主義の伝説的な存在。サンドが住んだアパ
ルトマンは、中庭の向かい。なお、ショパンが1831年10月5日に
パリに着いて最初に住んだのもパリ第9区で、ポワッソニエール大
通り27番地の5階に居を定めた[37]。

- 作家オノレ・ド・バルザック（Honoré de Balzac, 1799-1850）
サンドとショパンの親友。

- 詩人ハインリヒ・ハイネ（Heinrich Heine, 1797-1856）
サンドとショパンの親友。

- 画家ウジェーヌ・ドラクロワ（Eugène Delacroix, 1798-1863）
スクエアドルレアンに住んでほしいという親友のサンドのほぼ願望
どおりに、スクエアドルレアンから200メートルしか離れていない
ノートルダム・ド・ロレット通り54番地（現58番地）に1844年か
ら住むために、パリ左岸を離れた。

③ヌーヴェル・アテーヌの住人たち

● 建築家オーギュスト・コンスタンティン（Auguste Constantin, 1791-1842）
　サン＝ラザール通り 52 番地。

● 歴史学者デュロー・ドゥ・ラ・マレ（前掲）
　ロシュフコー通り 11 番地。

● 画家ポール・ガヴァルニ（Paul Gavarni, 1804-1866）
　サン＝ラザール通り、サン＝ジョルジュ通り、ブランシュ通りなど、自宅から観察できる通りの場面から作品の着想を得た。

● 画家アリ・シェフェール（Ary Scheffer, 1795-1858）
　1811 年にパリに来て、1818 年からは有名な肖像画家として頭角を現し、1822 年にオルレアン公（duc d'Orléans）の子どもたちのデッサンの教師になった。1830 年にオルレアン公がルイ・フィリップ（Louis-Philippe、在位 1830-1848）として王位に就くと、シェフェールは重要なすべての特権を得た。同年にシェフェールはシャプタール通りの新居に移り住み、そこで音楽家、画家、作家、政治家、またフランツ・リスト（Franz Liszt, 1811-1886）、ショパン、サンドをもてなした。王家との親密さはシェフェールを宮廷と芸術界の間の自然な仲介者にし、シェフェール邸はロマン主義社交界の中心とされ、後に現在の「パリ市立ロマン主義博物館（Musée de la Vie Romantique）」となった。

● 画家テオドール・シャセリオー（Théodore Chassériau, 1819-1856）
　1838 年にトゥール・オーベルニュ通り 21 番地の 2 のアトリエに住み、そこで描いた 2 つの作品「入浴するスザンナ」と「海のヴィーナス」で成功した。1841 年にローマから戻ると、ヌーヴ＝サン＝ジョルジュ通り（現サン＝ジョルジュ通り）11 番地にアトリエを見つけて、その後はブレダ通り（現アンリ＝モニエ通り）34 番地に転居した。シャセリオーはそこで隣人の画家アンリ・ラマンらに再会し、1842 年に同じ通りの 4 番地、1844 年には同じ通りの 8 番地に住んだ。1846 年からのアルジェリア滞在後、1848 年にフロショ通

り 15 番地の新居に移り住み、女優アリス・オジーとの静かな隠れ家となったこの邸宅で 1856 年に死去した。

- 画家アンリ・ラマン（Henri Lehmann, 1814-1882）
  1836 年からトゥール・オーベルニュ通り 6 番地に住んだ。

- 作曲家ダニエル＝フランソワ＝エスプリ・オベール（前掲）
  サン＝ジョルジュ地区出身。1820 年代初めから、サン＝ラザール通り 50 番地の 2 にある彫刻家ジャン＝バティスト・ピガール（Jean-Baptiste Pigalle, 1714-1785.「ピガール」という地名は彼の名前に由来する）の古い邸宅の付属家屋に住んだ。オベールは 1828 年にそこで、オリビエ通り（現シャトーダン通り）に住む隣人の劇作家ウジェーヌ・スクリーブ（Eugène Scribe, 1791-1861）と共に『ポルティチの唖娘（La Muette de Portici）』を作曲し、1830 年には 19 世紀の間に最も上演された人気のオペラコミック（喜歌劇）、『フラ・ディアヴォロ（Fra Diavolo）』を作曲した。その後 1835 年に、サン＝ジョルジュ通り 22 番地の邸宅に転居した。

- 女優マリー・ドルヴァル（Marie Dorval, 1798-1849）
  サンドとショパンの親友。サン＝ラザール通り 44 番地に住んでいた 1833 年当時、アレクサンドル・デュマやヴィクトル・ユーゴーの劇作品の役で既に大成功していた。1836 年にブランシュ通り 40 番地に転居した。

- 室内装飾家フランソワ＝エドゥアール・ピコ（François-Édouard Picot, 1786-1868）
  ロシュフコー通り 34 番地にアトリエを構え、ノートルダム・ド・ロレット教会の室内装飾を手掛けた。近所に住むギュスターヴ・モローが、1844 年にピコのアトリエに弟子入りした。

- 建築家ルイ・モロー（Louis Moreau, 1790-1862）
  ギュスターヴ・モローの父親。1852 年 7 月に、1829 年に建てられたロシュフコー通りの家屋を取得した。[38]

- 画家ギュスターヴ・モロー（Gustave Moreau, 1826-1898）
  ロシュフコー通り 14 番地出身。自身は象徴主義の画家だったモロ

ーは、美術学校の教授としてアカデミーの中核にいながら、後のフォーヴィスム（Fauvisme. 野獣派）の画家たちをアトリエから多く輩出した[39]。モローの指揮で改築された邸宅は、素晴らしい邸宅美術館[40]として、現在の「ギュスターヴ・モロー国立美術館（Musée National Gustave Moreau）」になった。

- 画家トゥールーズ＝ロートレック（Henri de Toulouse-Lautrec, 1864-1901）

1897年5月にフロショ通り5番地にアトリエを移し、翌年にはフロショ通り15番地に転居し、ここが最後のアトリエになった[41]。

3．ショセ＝ダンタン地区──フランスの商業と金融の中心地、パリ第9区の中心点ノートルダム・ド・ロレット教会

(1) ポーシュロン村から大貴族の邸宅地区へ

ショセ＝ダンタン地区は、パリ第9区を4分割した南西部分に位置し、サン＝ラザール通り（北端）、ラフィット通り（東端）、イタリアン大通りとカプシーヌ大通り（南端）、ヴィニョン通りとアーヴル通り（西端）によって囲まれる、面積においてパリ第9区内で2番目の地区である。隣のフォーブール・モンマルトル地区と同様、ショセ＝ダンタン地区は中世に干拓された古くからの沼地に位置し、徐々に野菜栽培が行われるようになった。12世紀から慈善病院「オテル＝デュー（Hôtel-Dieu. 神の館）」の修道士たちが、現在のプランタン百貨店の場所あたりで農場を経営し、16世紀に「三位一体修道会（Trinitaires）」と「マチュラン（聖三位一体会）」がそこを取得し、領地を少しずつ広げていった。他方、現サン＝ラザール通りの下のエリアの北部に位置した「ポーシュロン」の修道士たちの農場は、周囲に小集落が形成されて「ポーシュロン村」と名付けられた。1310年にポーシュロン村民たちは権力を築くために、5周に防御された城壁を建設し、1380年にその領地はル・コック家（Le Coq）の手に渡った。1461年にルイ11世（Louis XI、在位 1461-1483）が一夜を過ごしたこともあったコック城（château du Coq）はフランス革命による破壊を免れたが、19世紀にオスマン知事によって城

跡の取壊し工事が行われた[42]。

　1680 年からはルイ 14 世の命令によってカプシーヌ大通りとイタリアン大通りが、ルイ 13 世（Louis XIII、在位 1610-1643）時代の城壁の代わりに建設され、大通り沿いに壮麗な邸宅が建ち始めた。1713 年にはアンティーヌ公パルダヤン・ドゥ・ゴンドラン（Pardaillan de Gondrin, duc d'Antin, ?〔1663-1665 の諸説あり〕-1736）が、イタリアン大通りにガイヨン門（porte Gaillon）と同じ高さの、パリで最も美しい邸宅の 1 つを手に入れた。アンティーヌ公はポーシュロン村民たちを再結集させるために車道を整備させ、人々はそれを「ショセ＝ダンタン（chaussée d'Antin. アンティーヌ公の車道）」と呼び、1816 年にショセ＝ダンタン通りとなった。また、1720 年には住宅地の差し迫った不足を背景に、パリ市の助役がルイ 15 世から新たな地区を城壁の外側につくる許可を得て、ショセ＝ダンタン地区の分譲が始まった。新たな権力者である徴税請負人や銀行家たちは、自身や自分の愛人が使うための豪華な邸宅をブロンニャール（Alexandre-Théodore Brongniart, 1739-1813）やルドゥー（Claude Nicolas Ledoux, 1736-1806）といった流行の建築家に建てさせて、タイブー通り、サン＝ジョルジュ通り、ブドロー通り、プロヴァンス通り、ヴィクトワール通りなどの新たな通りがつくられた。ショセ＝ダンタン地区は大貴族たちを引き寄せ、貴族のお気に入りのエリアだったフォーブール・サン＝ジェルマン地区やサントノレ地区と競うまでになった。1771 年にグランデグー（大下水道）が覆い隠されて悪臭が改善されたショセ＝ダンタン地区には、モンテソン邸（Hôtel de Montesson）、マダム・デルビュー邸（Hôtel de Madame Dervieux）、ギマール邸（Hôtel de la Guimard）、マダム・テルソンの大邸宅（Palais de Madame de Thélusson）、現存するマリン＝ドゥラエ邸（Hôtel Marin-Delahaye）など数多くの邸宅が建ち並んだ。1798 年には将来のナポレオン 1 世がシャントレーヌ邸（Hôtel Chantereine）を取得したことにより、ショセ＝ダンタン地区は数多くの帝国高官たちを引き寄せた。ショセ＝ダンタン地区の分譲は 1775 年頃にはほぼ終わり、古くからある最後の野菜畑は消滅した[43]。

⑵ 19世紀後半のショセ゠ダンタンと首都のイメージ
——パリ・オペラ座、高級ホテル、銀行本店、百貨店

　現代都市とりわけ各国の首都には、歌劇場（オペラハウス）、高級ホテル、銀行本店、百貨店などが必ずあるものだが、パリ第9区のショセ゠ダンタン地区こそが、こうした首都のイメージを世界で最初に具現化したエリアと言える。そこで、18世紀末の分譲後に都市化が急速に進むことになる、ショセ゠ダンタン地区の19世紀初頭からの動きを見ていきたい。

　グラン・ブールヴァールは当時のショセ゠ダンタン地区の成功を反映する大通りとなり、イタリアン大通りには有名な施設が集められた。19世紀に入ると、これらの大通り沿いには、豪華な装飾の「カフェ・アルディ（Café Hardy）」、最高級のたまり場の「アイスクリーム店トルトーニ（Glacier Tortoni）」、デュマやバルザックが贔屓にしていた「カフェ・フォイ（Café Foy）」や「カフェ・ド・パリ（Café de Paris）」などが開業し、現代に通じる会食趣味やカフェ文化が本格的に普及していく。また、ショセ゠ダンタン地区の「ボードビル劇場（Théâtre du Vaudeville）」や「ヌーボーテ劇場（Théâtre des Nouveautés）」は、いわゆる「大通り劇場（"de boulevard"）」として安定した成功を収め、このうち1927年にパラマウント映画になったボードビル劇場は、7つのスクリーンをもつ映画館「パラマウント・オペラ（Paramount Opéra）」として現在も営業を続けている[44]。

　ショセ゠ダンタン地区はフランス第二帝政期において、首都パリのブランドイメージを強化する役割を担っており、その最高峰が建築家シャルル・ガルニエによる新しいパリ・オペラ座すなわちパレ・ガルニエだった。地区の北西角に1836年に建築家ルイ゠イポリット・ルバ（Louis-Hippolyte Lebas, 1782-1867）による2代目のノートルダム・ド・ロレット教会が、北東角付近に名門校のリセ・コンドルセ校（Lycée Condorcet）がそれぞれ位置するショセ゠ダンタン地区のブランドイメージはもともと高かったが、この地区の建築様式に対応した構造の新たな大通りの図面を引かなければならなかったオスマン知事が、自身の県知事命令

（ordonnancement）によってボージョン大通りを延伸し、それが 1864 年にオスマン大通りと名付けられ（大通りの設計図上に位置する自身の生家を犠牲にしたため）、1865 年にショセ゠ダンタン通りにつながったことにより、ショセ゠ダンタン地区はパリの都心へと変貌した。古くからある都市構造の撤去、つまり「オスマン大幹線（Grands axes haussmanniens）」と呼ばれるパリの幹線道路整備事業によって、ショセ゠ダンタン地区は一変したのである[45]。パリ・オペラ座に隣接するスクリーブ通り（東端）、オベール通り（西端）、カプシーヌ大通り（南端）によって囲まれる三角地帯で、1862 年に開業した「グランド・ホテル（Grand Hôtel. 現在の名称はインターコンチネンタル・パリ・ル・グラン・ホテル）」とホテル内の「カフェ・ド・ラ・ペ（Café de la Paix）」は、今も世界で最も有名な高級ホテルと老舗カフェであるし、スクリーブ通りとカプシーヌ大通りの角で 1867 年に開業した衣料品店「オールドイングランド（Old England）」は 2012 年まで同地で営業を続け、開業当時のパリにおける英国ブームを現代に伝えた[46]。

　フランス第二帝政の終焉後からアール・ヌーヴォー（art nouveau. 新しい芸術）前まで、すなわち 1870 年から 1895 年までの 25 年間は、パリの大きな建物に目立った変化が見られなかったため、近代建築史上は「断絶（rupture）の時代」として切り捨てられることもあるが、都市計画との関係では、近代交通機関が目覚しく発達した時期という点で重要な意義をもつ[47]。こうした変化を背景に金融と商業の波がやってきた 19 世紀末のショセ゠ダンタン地区には、現代の首都のイメージにも直結する、2 つの新たなものが登場した。ひとつは、大通り沿いに出現した銀行本店である。オスマン大通り 29 番地には「ソシエテ・ジェネラル（Société Générale）」本店、カプシーヌ大通り 6 番地には「クレディ・リヨネ（Crédit Lyonnais）」本店、イタリアン大通り 16 番地には将来の「BNP パリバ（BNP Paribas）」本店がそれぞれ建ち、特にソシエテ・ジェネラル本店には、壮麗なホールと 18 トンの鋼鉄の扉の金庫室がある非常に大きな建物を見ようとする顧客ややじ馬が押し寄せた。保険会社が後に続き、ショセ゠ダンタン地区は高級住宅地から商業地区へと変わ

っていった。19世紀後半からの一連のパリ万博（1855年の第1回パリ万博、1867年の第2回パリ万博、1878年の第3回パリ万博、1889年の第4回パリ万博、1900年の第5回パリ万博「アール・ヌーヴォー博」）は外国人観光客のパリへの殺到を促し、彼らは必ずパリ・オペラ座とグラン・ブールヴァールを観光して回った。アール・ヌーヴォー博会場では、「電気の時代」の到来を象徴する大規模なイルミネーションが初めて導入され、大変な人気を集めた[48]。ガス灯から電灯への、照明の本格的な転換の始まりである。そしてもうひとつが、商業革命と言われる百貨店の登場である。いずれもオスマン大通りに位置する1865年創業の「プランタン」と1893年創業の「ギャラリー・ラファイエット」のセットを、人々は非常に早くから「百貨店（les Grand Magasins）」と名付けたが、これらの百貨店とパリ・オペラ座とグラン・ブールヴァールが、今日まで続くショセ＝ダンタン地区の魅力の3つの柱となっている[49]。

4．フォーブール・モンマルトル地区
──美術市場の中心地、老舗の商店街
⑴ グランジ・バテリエール村から大邸宅街へ

　フォーブール・モンマルトル地区は、パリ第9区を4分割した南東部分に位置し、ラフィット通り（西端）、モントロン通り（北端）、フォーブール・ポワッソニエール通り（東端）、グラン・ブールヴァール（南端）によって囲まれる、面積においてパリ第9区内で最小の地区である。フォーブール・モンマルトル地区の起源は、パリ第9区の他の地区と同様、「モンマルトルの丘の麓」と呼ばれる広大な沼地で、干拓のための長い期間を経てフィリップ2世の治世下に、サン・トポルテューヌのカトリック司教座聖堂参事会員たちが領地内のいくつかの建物と周辺の畑を譲渡した場所に生まれた、グランジ・バテリエール村である。数世紀にわたってこの領地は手から手へ渡り、16世紀に分割された後は主な建物が18世紀に豪華な邸宅に変わり、跡地にはさらに1852年開業のオークションハウス「オテル・ドゥルオー（Hôtel Drouot）」が建つことになる。17世紀末までグランジ・バテリエール村の領地は野菜栽培

業者たちが専有したままだったが、ルイ14世が「黄色い堀」の跡に大通りを建設すると決めたことで、窒息状態だったパリ市は北方向に拡大することが可能となり、野菜畑は市域化していった。徴税請負人や銀行家たちが、修道士たちの広大な土地を低価格で買い取り、個人の邸宅を建設させた後、収益を生む大きな建物としてその場所を譲渡した。貴族階級が不動産投機に熱狂した18世紀、大貴族たちはフォーブール・モンマルトル地区に田舎の魅力を感じて投機するようになった。ルイ16世の治世ではラフィット通り、ロッシーニ通り、シャシャ通り、ペルティエ通りが通され、新たな地区がつくられることは保証された。グランデグー（大下水道）の跡には、リシェ通りとプロヴァンス通りができた。ショセ=ダンタン通りと同様、ラフィット通り、シャシャ通り、ドゥルオー通りは成功し、敏腕な銀行家たちがそこにいくつもの邸宅を建設した。例えば、モンマルトル大通り16番地の邸宅は、最初の住人がオーストリア大使のメルシー=アルジャントー伯爵フロリモン=クロード（Florimond Claude, comte de Mercy-Argenteau, 1727-1794）で、シャルル10世（Charles X、在位1824-1830）の治世下に建物がさらに高くなり、「パッサージュ・ジュフロワ（Passage Jouffroy）」の入口の上に張り出すかたちの、現存の「ホテル・ロンスレイ（Hôtel Ronceray）」になった。他にも、「フランス大オリエント（Grand Orient de France: GODF）」が1852年に取得したカデ通りの建物は、最初は1725年にリシュリュー公のために建設された「小さな家」だったし、ドゥルオー通りの「徴税請負人オニーの館」は、1750年頃に女優のために徴税請負人が建てさせた邸宅を、1829年にアグアド伯爵（Alexandre Aguado, 1784-1842）が買い取って内部を豪華に改装し、1849年にパリ第2区役所になった後、1860年の行政区の併合によってパリ第9区役所になった。また、トレビス通り36番地の「ボニー館（Hôtel Bony）」は、フランス王政復古期の瀟洒な傑作として高く評価される歴史記念物である[50]。

(2) 商業戦略上の休憩場所と老舗の商業・娯楽施設
──パッサージュ、カフェ、画廊、劇場

　不動産取引が拡大した19世紀に、大通りはカフェやパッサージュ（passage.ショッピングアーケード）のような商業戦略上の休憩場所によって区切られるようになり、それらは1830年代になると日常に欠かせない優雅でぜいたくなたまり場になる一方、1825年からはベルジェール集合住宅地区（cité Bergère）、ルージュモン集合住宅地区（cité Rougemont）、トレビス集合住宅地区（cité de Trévise）といった富裕層向けの集合住宅地区が現れた[51]。

　フォーブール・モンマルトル地区には今も、パリ屈指の老舗の商業施設や娯楽施設が少なくない。またフランス第二帝政期からは、パリ第2区の北部と新聞の専売権を分け合ったことから、フォーブール・モンマルトル地区はジャーナリズムの中心地でもあった。19世紀からベル・エポックまでの間はラフィット通りが美術市場を引き寄せて、最盛期の1913年には20の画廊が存在した。その後、オークションハウス、ドゥルオー通り、「パッサージュ・ジュフロワ」や「パッサージュ・ヴェルドー（Passage Verdeau）」も、切手収集家や古書愛好家などさまざまな収集家たちを引き寄せ、こうした美術市場は、カデ通りの市場や古い商店街との共生的側面を維持している。1869年にリシェ通りに創業した劇場「フォリー・ベルジェール」や1882年に「パッサージュ・ジュフロワ」内に創業した「グレヴァン蝋人形館（Musée Grévin）」などは、現在も外国人観光客で賑わっている[52]。

　19世紀からのフォーブール・モンマルトル地区における有名な商業・娯楽施設などは、次の通りである。

　①パッサージュ
　両パッサージュは共にフォーブール・モンマルトル通りに沿っており、パリの中心とモンマルトルの丘の間をつなぐ役目がある。

- 「パッサージュ・ジュフロワ」

  モンマルトル大通り 10 番地とグランジ・バテリエール通り 9 番地を結ぶかたちで、1840 年代半ば（正確な年については諸説あり）に開通した。1882 年創業の「グレヴァン蝋人形館」がある。
- 「パッサージュ・ヴェルドー」

  グランジ・バテリエール通り 3 番地とフォーブール・モンマルトル通りを結ぶかたちで、1840 年代半ば（正確な年については諸説あり）に開通した。古書店、古美術店が並ぶ。

②飲食店

- 「カフェ・ル・ブレバン（Café Le Brébant）」

  フランス第一帝政期にポワッソニエール大通りで開業した「カフェ・グランズオム（Café des Grands Hommes）」が 1863 年に「ル・ブレバン」となり、エミール・ゾラ（Émile Zola, 1840-1902）やギュスターヴ・フロベール（Gustave Flaubert, 1821-1880）が出席する文学夕食会を開催した。現在も、同地で営業を続ける。
- 「カフェ・リシェ（Café Riche）」

  18 世紀末にイタリアン大通りとペルティエ通りの角で開業し、1865 年に当世風に改装し、作家アルフォンス・ドーデ（Alphonse Daudet,1840-1897）やワインコンクールによってしばしば有名な、地下のワイン貯蔵庫がある美食店だった。
- 「カフェ・ド・マドリッド（Café de Madrid）」

  モンマルトル大通り 6 番地。
- 「ブイヨン・シャルティエ（Bouillon Chartier）」

  1896 年にフォーブール・モンマルトル通り 7 番地で開業した、大衆食堂（ブイヨン）レストラン。歴史記念物に指定された建物で、現在も営業を続ける。

③物販店

- 「バザール・ヨーロピアン（Bazar Européen）」
  モンマルトル大通り 10 番地の、パリ土産の有名店。
- 「ア・ラ・メール・ドゥ・ファミーユ（À la Mère de Famille）」
  1761 年にフォーブール・モンマルトル通り 35 番地で開業した、パ
  リ最古の菓子店。昔ながらの棒マシュマロを購入できるパリで唯一
  の店としても知られ[53]、現在も同地で営業を続ける。

④画廊

- 「ベルネーム＝ジューヌ画廊（Galerie Bernheim-Jeune）」
  1863 年にラフィット通りで開業し、コロー（Camille Corot, 1796-
  1875）やクールベ（Gustave Courbet, 1819-1877）の作品を展示した。
- 「アンブロワーズ・ヴォラール画廊」
  美術商アンブロワーズ・ヴォラール（Ambroise Vollard, 1866-1939）
  が、1893 年にラフィット通りで開業した。
- 「ポール・デュラン＝リュエル画廊」
  美術商ポール・デュラン＝リュエル（Paul Durand-Ruel, 1831-1922）
  がラフィット通りに画廊を移転し、1876 年の第 2 回印象派展では
  会場として自身の画廊を提供し、ピサロ（Camille Pissarro, 1830-
  1903）、モネ（Claude Monet, 1840-1926）、ルノワール（Pierre-Auguste
  Renoir, 1841-1919）、ドガ（Edgar Degas, 1834-1917）といった印象派
  の画家たちの作品を展示した。

⑤新聞社

- 『ル・プティ・ジュルナル（Le Petit Journal）』
  ラ・ファイエット通り。1863 年創刊、1944 年廃刊の日刊新聞。
- 『ル・マタン（Le Matin）』
  ポワッソニエール大通りとフォーブール・ポワッソニエール通りの
  角。1884 年創刊、1944 年廃刊の日刊新聞。

- 『ル・フィガロ（Le Figaro）』
  ドゥルオー通りの「オテル・ドゥルオー」内。フランス国内の新聞としては最古の 1826 年創刊で、現行紙。現在の本社所在地は、パリ第 9 区のオスマン大通り 14 番地。ジョルジュ・サンド、オノレ・ド・バルザック、テオフィル・ゴーティエ（Théophile Gautier, 1811-1872）、ジェラール・ド・ネルヴァル（Gérard de Nerval, 1808-1855）、ジュール・ヴァレ（Jules Vallès, 1832-1885）、エミール・ゾラなど、有名な文筆家たちを抱えていた。
- 『レキップ（L'Équipe）』
  フォーブール・モンマルトル通りに長い間、本社を仮設していた、日刊スポーツ新聞の現行紙。

⑥劇場
- 「フォリー・ベルジェール」
  1869 年にリシェ通りで創業した劇場。イヴェット・ギルベール（Yvette Guilbert, 1865-1944）、ラ・ベル・オテロ（la Belle Otéro, 1868-1965）、ジョセフィン・ベーカー、ミスタンゲット（Mistinguett, 1873-1956）など、数多くのスターが舞台に立った。1990 年代にフォーブール・モンマルトル地区が外国人観光客に人気となったため、パリ第 9 区は「フォリー・ベルジェール」を取壊しから方針転換して、保護リストに登録した。現在も、同地で営業を続ける。

⑦その他
- 「シャトーダンの水治療法浴場（Hydrothérapie Bains de Châteaudun）」
  フォーブール・モンマルトル通り 66 番地。陶磁器製の店頭装飾のみが、同地に現存する。[54]

5．ロシュシュアール地区――パリ第 9 区で唯一の下町エリア
(1) 果樹園から労働者たちの下町エリアへ
ロシュシュアール地区は、パリ第 9 区を 4 分割した北東部分に位置

し、フォーブール・ポワッソニエール通り（東端）、マルティル通り（西端）、ロシュシュアール大通り（北端）、ラマルティンヌ通りとモントロン通り（南端）によって囲まれる、面積においてパリ第9区内で3番目の地区である。モンマルトルの丘につながる坂道上に位置するロシュシュアール地区は古くからの曲がりくねった道が多く、数世紀にわたって果樹園や菜園しかなく、17世紀になるまで都市化の兆候は見られなかった。同地区を北上するロシュシュアール通りはパリの中心からモンマルトル方向に導く古い道の一部であるし、フォーブール・ポワッソニエール（poissonnière. 魚屋）通りはその名の通り、フランス北部の港でとれた魚を首都パリに運んだ古い道で、パリ第18区のポワッソニエール通り、パリ第2区のポワッソニエール通りはその延長だが、一方でベルフォン通りのような新たな通りもいくつか現れた。1645年にはラマルティンヌ通りに初代のノートルダム・ド・ロレット教会が建立されたが、1791年までカトリック小教区教会に昇格されなかった。「居酒屋の主人たちのノートルダム」という同教会のあだ名は、当時のロシュシュアール通りやマルティル通りで既に多くのワイン販売業者たちが開業していたことを示している。18世紀末までロシュシュアール地区は、少ない通りに縁どられた広大な囲い地としか認識されていなかったが、1770年代になるとラ・トゥール・ドーヴェルニュ通り、ラマルティンヌ通り、ロシュシュアール通り、マルティル通りなどが舗装されていった。この時期、パリ市の中心部では住宅地が不足し、ルイ15世によって新たな地区が創設され、特にパリ第9区のショセ゠ダンタン地区は急激に発展したが、同じ区内にありながらパリの中心から遠いロシュシュアール地区に不動産投機の熱狂が及ぶのはかなり遅く、宗教的な不動産侵奪が、収益を生む大きな建物や個人の邸宅にその場所を譲ったのは、フランス革命直後のことだった[55]。1790年のデクレ（政令）がモンマルトルのコミューンの南部をパリ市に併合したことに伴い、ロシュシュアール地区の広大な土地もパリ市に併合された[56]。

　それ以来、ロシュシュアール地区には労働者、新興階級のブルジョワ、小商いたちが定住すると共に、静かで平穏な居住環境を求めるいく

つかの裕福な一族が混じるようになったが[57]、パリ第9区では唯一の地味な下町エリアという位置づけは現在も変わらない。

(2) パリの庶民生活——町工場、労働者用団地、居酒屋、サーカス小屋

パリ第9区の中では異色と言えるロシュシュアール地区は、19世紀を通じて工場エリアとして発展し、特に1824年にペトレル通りとコンドルセ通りの間にガス製造工場が設置されたことによって、工場エリアとしての適性を示すことになった。ロシュシュアール地区のガス製造工場は、1830年代からの「光の革命」すなわちガス灯の登場を支えると共に、同じパリ第9区内に位置する当代随一の繁華街であるグラン・ブールヴァールのガス灯照明を担っていくことになる。このガス会社が1864年にコンドルセ通り6番地に建設した威厳のある建物は、2008年まで「フランスガス公社（Gaz de France: GDF）」本社として使われ、現在は「フランスガス供給ネットワーク（Gaz Réseau Distribution France: GRDF）」本社として使われている。他にも、現在のリセ・ジャック・ドゥクール校（Lycée Jacques-Decour）の場所に1808年に建設されて1867年まで稼働した屠殺場や、1834年にロシュシュアール通りに建設されたピアノ製作会社「プレイエル（Pleyel）」の工場兼ショールーム、有名な「軍用短靴（godillot）」を考案したアレクサンドル・ゴディロー（Alexandre Godillot, 1816-1893）の工場など[58]、ロシュシュアール地区の町工場で作られるものはどれもパリ市民の生活に直結するものだった。

1851年にナポレオン3世は、ロシュシュアール通りに労働者用団地の「シテ・ナポレオン（Cité Napoléon. ナポレオン団地）」を設立し、手頃な家賃で、常駐の医者もいるこの集合住宅に、500人の労働者たちを受け入れた。本質的に工場エリアであるロシュシュアール地区には居酒屋が多く、18世紀末の調査ではロシュシュアール通りに18人、マルティル通りに25人の居酒屋の主人たちが住んでいたという。また、1784年に建設された「徴税請負人の壁」はパリ第9区を包含し、入市関税事務所が隣接するパリ市の北部の大通り上の3つの門、すなわちマルティル門、ロシュシュアール門、ポワッソニエール門付近のパリ郊外の居酒

屋は繁盛した。ロシュシュアール地区がパリ第9区内では異色の下町として発展することになった要因として、1860年代に造園技師アルファン（Jean-Charles Adolphe Alphand, 1817-1891）[59]がロシュシュアール地区で唯一の緑地空間となるモントロン広場を設計したにもかかわらず、フランス第二帝政が同地区に似たような大きな建物をいくつも詰め込み、しかもオスマン知事がモーボウジュ通りしか新たな通りの図面を引かなかったという、都市計画上の失敗も指摘されている[60]。このように労働者たちの下町のイメージが強いロシュシュアール地区だが、1873年に「シルク・フェルナンド（Cirque Fernando. フェルナンド・サーカス）」としてロシュシュアール大通り63番地のテントで開業したサーカス小屋はやがて、2000以上の場所で興行するフランスのサーカスの殿堂「シルク・メドラノ（Cirque Médrano. メドラノ・サーカス）」となり、1969年に廃業するまで1世紀にわたって、ロシュシュアール地区の宝石であり続けた[61]。

IV. 都市化の到達点と都市の展望

　19世紀後半に近代都市化をいちはやく実現したパリは、世界に輝くショーウィンドーであり、多くの輝きを後世に伝えた。とりわけ、金融、不動産取引、商業、娯楽といった近代都市にとって不可欠な領域と、文化、芸術というフランスのアイデンティティーを支える領域のいずれにおいても中心地として繁栄を極めたパリ第9区は、都市化の1つの到達点を早期に示したエリアと言えるだろう。その背景には常に、19世紀のパリにおける猛烈な人口増加、つまり「都市化（urbanisation）」というフランス語が本質的に意味する「人口の都市集中」という課題があった。パリ第9区の急速な都市化が、新たな地区と通りの創設によるところが大きいことは既に概観してきたが、歩道を備えた「通り」が初めて現れることで（例えば、フォーブール＝モンマルトル地区のペルティエ通りが、歩道付きの最初の通りの1つである[62]）、大勢の人々が大通りをそぞろ歩くという光景が生まれたのも、19世紀後半のパリにおいてだっ

た。1837年にパリで最初の鉄道ターミナル駅として開業したサン゠ラ
ザール駅（駅舎はパリ第8区内に位置する）に東端が隣接するパリ第9区
は、「交通網」が都市の機動力となり都市の魅力に直結することを、
人々に強烈に印象づけた。当時の辻馬車や荷馬車がタクシーやトラック
に変わった現代においても、活発な人流や流通こそが都市の最大の魅力
の1つと考えられてきた。パリ第9区の歴史は「通り」にあり、「通
り」の歴史は都市化の歴史だった。同時に、パリ第9区の住人たちの特
性が、大量消費を前提とする都市生活の確立を導いた。現代人が今も求
め続ける都市の賑わい創出、あるいは都会の喧騒そのものが、こうした
都市のイメージを無意識に継承しているとも考えられる。現代に生きる
われわれは、消費活動、交通利便性、ビジネスチャンスなどから醸し出
される魅力を都市の本質と信じているが、こうした都市のイメージが形
成されたのは19世紀後半からの約150年間の経緯に過ぎない。

　19世紀から続いてきた都市化の時代を経て今、都市に関する従来の
価値観自体が終焉した。2020年に生きるわれわれは、新たな段階を迎
える転換期に立っている。将来の世代に継承すべき、持続可能性と強靭
な回復力を兼ね備えた豊かな都市とはいかにあるべきか、まさに問われ
ている。

注

1) 経済学者モハメド・エラリアン（Mohamed A. El-Erian, 1958- ）が2008年9月のリーマン・ショック後の世界経済について2009年に提唱した、グローバル金融危機を含む世界経済の構造転換の下、景気回復を果たしたとしても以前のような状態には戻らないとする概念である「ニューノーマル（New Normal）」を、2020年のコロナ・ショック後の世界経済について、従来の費用対効果と効率性の追求からリスク回避とレジリエンス（resillience. 強靭性、回復力）の管理に転換する、という内容に進化させた概念をいう。朝日新聞GLOBE+ HP（https://globe.asahi.com/article/13395103 最終閲覧日2020年12月5日）。

2) Philippe Roy, «Mémoire des rues Paris 9ᵉ Arrondissement 1900-1940», Parigramme (2018) p.12.

3) パリ市HP（https://www.paris.fr/pages/comprendre-le-projet-de-modernisation-du-statut-de-la-ville-de-paris-3224/ 最終閲覧日2020年12月5日）。

4) Thierry Cazaux, 'La Nouvelle Athènes', «La Maison musée de Gustave Moreau», Somogy éditions d'art (2014) p.13.

5) 徴税請負人（Fermier général）制度は、ルイ14世の財務総監コルベール（Jean-Baptiste Colbert, 1619-1683）が推進する財務政策の一環として、1681年に誕生した。60人の徴税請負人からなる徴税組合が予め定められた金額を国家に前払いし、国家に代わって間接税の徴収を行うという同制度は、徴税の民営化と言える。徴税人の中には、巨万の富を蓄財する者

も現れた。鹿島茂『失われたパリの復元　バルザックの時代の街を歩く』（新潮社、2017 年）16-17 頁。

6）1746 年に徴税請負人アレクサンドル・オニー（Alexandre d'Augny, 1715-1798）が、「コメディ・フランセーズ（Comédie-Française）」の贔屓の女優のために建設させた邸宅である。

7）Roy, supra n.2 p.17.

8）「urbanisation」というフランス語には、都市化、都市開発のほか、人口の都市集中、都市の過密化現象などの和訳があてられている。

9）Roy, supra n.2 p.9.

10）Id. pp.9-10.

11）Id. p.9.

12）Id. p.10.

13）Id.

14）1875 年に完成した現在のパリ・オペラ座（Palais Garnier. パレ・ガルニエ）も、パリ第 9 区に位置する。なお、シャルル・ガルニエ（Charles Garnier, 1825-1898）がパレ・ガルニエを仕上げる際に、オスマン知事はこの傑作を活用することを目的として、複数の大通りを整備した。Roy, supra n.2 p.11.

15）ヌーヴェル・アテーヌという名称自体は、14 世紀初頭から使われていた。古代ギリシア・ローマに由来する名称だが、18 世紀末までは当世風の名称を再び付けられていた。1821 年からは、ヌーヴェル・アテーヌという名称が維持されている。Cazaux, supra n.4 p.13.

16）Roy, supra n.2 pp.10-11; Cazaux, supra n.4 pp.13-14.

17）1860 年にパリの市域が拡大された際の行政区分の変更については、既存の 12 区にそのまま 8 区が加わったのではなく、12 区を完全に解体して区割りを一からやり直しているため、パリの区制を論じる場合には、1859 年までの 1 区〜12 区と 1860 年以後の 1 区〜12 区は全く別であることを理解する必要がある。鹿島・前掲（注 5）50 頁。

18）Roy, supra n.2 p.11.

19）1889 年 10 月 5 日にモンマルトルの丘の麓、クリシー大通り 90 番地に開業した「ムーラン・ルージュ」は、自身も常連だった画家ロートレックによるポスター作品で広く知られているが、当時の来客数が祭日には 1 万人に達することもあるほどの繁盛店だった。高橋明也＝ダニエル・ドゥヴァンク監修『三菱一号館美術館コレクション〈Ⅱ〉トゥールーズ・ロートレック展』（三菱一号館美術館、2011 年）37 頁、74 頁。

20）Roy, supra n.2 pp.11-12.

21）Id. p.12.

22）Id. p.16.

23）Id.

24）壁の全長は 24 キロメートル、高さは 3.3 メートルで、環状にパリを囲んでいた。鹿島・前掲（注 5）17 頁。

25）Roy, supra n.2 p.16.

26）Cazaux, supra n.4 p.13.

27）Roy, supra n.2 p.17.

28）Cazaux, supra n.4 p.14.

29）Roy, supra n.2 p.17.

30）Cazaux, supra n.4 p.14.

31）Roy, supra n.2 p.18.

32）久末弥生『都市計画法の探検』（法律文化社、2016 年）、第 4 章資料「ベル・エポックと近代都市計画―日本への潮流」80 頁。

33）同上・83 頁。

34）Cazaux, supra n.4 p.14.

35）1893 年に、俳優で演出家のリュネ＝ポー（Lugné-Poe, 1869-1940）によって設立された。高橋＝ドゥヴァンク・前掲（注 19）73 頁。

36）Roy, supra n.2 p.18.

37）国立フリデリク・ショパン研究所附属フリデリク・ショパン博物館（NIFC）ほか企画構成『ショパン―200 年の肖像』（求龍堂、2019 年）25 頁。

38）Cazaux, supra n.4 p.14, pp.16-22.

39）三菱一号館美術館 / 岐阜県美術館『1894 Visions ルドン、ロートレック展』（筑摩書房、2020 年）46 頁。

40）モローと同じく画家の邸宅美術館としては、1857 年 12 月 28 日からドラクロワが生涯最後のアトリエを構えた、パリ第 6 区の「ドラクロワ国立美術館（Musée National Eugène Delacroix）」がある。Arlette Sérullaz, «La Musée Eugène Delacroix», Musée du Louvre Éditions (2005) p.4. また、銀行家と画家の夫妻の邸宅だった「ジャックマール・アンドレ美術館（Musée Jacquemart-André）」、大ブルジョワかつ貴族（伯爵）の邸宅だった「ニッシム・ド・カモンド美術館（Musée Nissim de Camondo）」など、19 世紀末のブルジョワの

邸宅美術館はパリ第 8 区に点在する。
41）高橋＝ドゥヴァンク・前掲（注 19）146 頁。
42）Roy, supra n.2 p.58.
43）Id. pp.58-59.
44）Id. p.59.
45）久末・前掲（注 32）80 頁。
46）Roy, supra n.2 pp.59-60.
47）久末・前掲（注 32）83 頁。
48）第 4 回パリ万博（1889 年）と第 5 回パリ万博（1900 年）が近代都市計画に与えた影響については、久末・前掲（注 32）84 頁参照。
49）Roy, supra n.2 p.60.
50）Id. pp.98-99.
51）Id. p.99.
52）Id. pp.99-100.
53）Id. p.116.
54）Id. pp.99-100.
55）Id. p.152.
56）Id. p.153.
57）Id. p.152.
58）Id. p.153.
59）理工科学校卒のエリート官僚だったアルファンは、森の整備と都市公園の設立を最優先に考えるナポレオン 3 世によるパリ大改造において、オスマン知事の部下としてプロムナード・植樹局（Service des Promenades et Plantation）の局長に任命され、実務面を託されていた。久末弥生『フランス公園法の系譜』（大阪公立大学共同出版会、2013 年）17 頁。
60）Roy, supra n.2 p.153.
61）Id.
62）Id. p.99.

［資料］

● パリ第9区の建造物と景観（2020年1月、2014年6月・11月・12月撮影）

徴税請負人オニーの館（現パリ第9区役所）

ノートルダム・ド・ロレット教会の外観

ノートルダム・ド・ロレット教会の裏通り（左側は教会の外壁）

パリ・オペラ座（パレ・ガルニエ）

グランド・ホテル（現インターコンチネンタル・パリ・ル・
グラン・ホテル）

オスマン大通り

サン＝ジョルジュ広場

パリ市立ロマン主義博物館への小径

パリ市立ロマン主義博物館

ギュスターヴ・モロー国立美術館

ラ・ファイエット通り（左側）とヴィクトワール通り（右側）

プランタン百貨店の外観

プランタン百貨店のステンドグラス天井

ギャラリー・ラファイエット百貨店のステンドグラス天井

ギャラリー・ラファイエット百貨店の吹抜けの中央ホール

モンマルトル大通りとパッサージュ・ジュフロワ（左側）

パッサージュ・ジュフロワの入口とホテル・ロン
スレイ

パッサージュ・ジュフロワ

パッサージュ・ジュフロワ内の曲り角（右奥はグレヴァン蝋
人形館）

グレヴァン蝋人形館の鏡の間

パッサージュ・ヴェルドーの入口

ア・ラ・メール・ドゥ・ファミーユ本店の外観

エトワール凱旋門から見る大通り（左側がオスマン大通りに
つながるフリドラン大通り、右側はシャンゼリゼ大通り）

第5章

フランスの山岳国立公園に関する法制度と課題
──国境の安全保障と自然保護

Ⅰ．フランスの山塊と公園法制

1．フランスの国立公園と 1960 年 7 月 22 日法

　フランスは、アルプス山脈（Alpes）、ヴォージュ山脈（Vosges）、ジュラ山脈（Jura）、マシフ・サントラル（Massif central. 中央山塊）、ピレネー山脈（Pyrénées）、コルシカ島（Corse）など、多くの山塊を擁する国である[1]。フランスは 1960 年代から国立公園の設立を積極的に進めてきたが、これらの国立公園のほとんどが山岳国立公園であることを特色とする。2021 年 9 月現在、フランスには 11 の国立公園がある[2]。

- ●ヴァノアーズ国立公園（Parc national de la Vanoise）
  1963 年設立。アルプス山脈。スイス、イタリア国境沿い。
- ●ポール・クロ国立公園（Parc national de Port-Cros）
  1963 年設立。地中海沿岸のポール・クロ島。
- ●ピレネー国立公園（Parc national des Pyrénées）
  1967 年設立。ピレネー山脈。スペイン国境沿い。
- ●セヴェンヌ国立公園（Parc national des Cévennes）
  1970 年設立。マシフ・サントラル南東部のセヴェンヌ山脈。
- ●エクラン国立公園（Parc national des Écrins）
  1973 年設立。アルプス山脈中央部のドーフィネ・アルプス。イタリア国境沿い。

● メルカントゥール国立公園（Parc national du Mercantour）

　1979 年設立。アルプス山脈。イタリア国境沿い。

● グアドループ国立公園（Parc national de la Guadeloupe）

　1989 年設立。グアドループ島（海外県）。

● レユニオン国立公園（Parc national de La Réunion）

　2007 年設立。レユニオン島（海外県）。

● ギアナ・アマゾン公園（Parc amazonien de Guyane）

　2007 年設立。フランス領ギアナ（海外県）。

● カランク国立公園（Parc national des Calanques）

　2012 年設立。地中海沿岸。

● 森林国立公園（Parc national de forêts）

　2019 年設立。シャンパーニュおよびブルゴーニュの森。

　これらの国立公園はフランス領土の 8％相当、5 万 6819 平方キロメートルに及び、毎年約 1000 万人の観光客を受け入れている[3]。海外県（départements d'outre-mer: DOM）に位置する 3 つの国立公園を除くと、島のため保護地帯が海辺の公有地に広がり、都市周辺部かつ海辺に位置する最初の国立公園であるカランク国立公園を除いて、フランスの国立公園はほとんどが山岳地帯に位置している。また、メルカントゥール国立公園（周辺住民約 1 万 7700 人）、セヴェンヌ国立公園（同約 600 人）、ポール・クロ国立公園（同約 30 人）、海外県に位置する国立公園を除いて、フランスの国立公園は恒久的に人の住まない自然空間である[4]。

　フランスで国立公園の設立が本格化したのは「国立公園の設立に関する 1960 年 7 月 22 日の法律第 708 号（Loi n° 60-708 du 22 juillet 1960 relative à la création de parcs nationaux）」（以下「1960 年法」という）の制定以降だが、これを世界的に見ると、1872 年に世界最初の国立公園であるイエローストーン国立公園（Yellowstone National Park）がアメリカで設立されてからほぼ 1 世紀後のことであり、20 世紀前半に相次いで国立公園を設立したスウェーデン（1909 年）、スイス（1914 年）、スペイン（1918 年）、イタリア（1922 年）、アイスランド（1928 年）、ポーラン

ド（1947年）などのヨーロッパ諸国にも大幅に遅れを取るかたちとなった。特に、同じ山塊を言わば分け合っているスイス、スペイン、イタリアと比較すると、フランスの遅れが目立つ。フランスの国立公園は日本、イギリス、イタリアなどと同様に「地域制自然公園」制度を採用しており、土地所有の有無にかかわらず、公園管理者が区域を定めて指定し、公用制限を実施する。公園指定の際に土地を取得する必要がないため広大な地域の保全が可能だが、土地所有者の私権や地域社会への配慮が必要で、厳正な自然保護は困難である。したがって、アメリカ、カナダ、オーストラリア、スイスなどのような「営造物型自然公園」制度、つまり土地の権原を公園管理者が所有し公園専用用地として利用するため、厳正な自然保護が可能で利用規制もしやすいが、古くから土地利用・土地所有が行われてきた地域ではそもそも公園の設定が困難である国々とは、取り組むべき課題やアプローチが異なることも少なくない[5]。共に地域制自然公園制度すなわちゾーニング型の国立公園制度を採用する日仏の法制度は、潜在的に親和性が高いと考えられる。

　フランスの国立公園の地理的特徴として、他国との国境沿いに位置する山岳国立公園が多いことが挙げられるが、これは国境の安全保障と自然保護という2つの目的を同時に達成する手法として、国立公園の緩衝地帯（バッファー・ゾーン）としての機能に着目し、山岳国立公園を意図的に多く設けている結果と考えられる[6]。その背景には、隣接するヨーロッパ諸国との国境が戦争によって頻繁に動いてきた過去、実質的に山岳地帯が国境となってきた長い歴史がある。なお、山岳国立公園のうちメルカントゥール国立公園とセヴェンヌ国立公園以外は恒久的に人の住まない自然空間とされていることは先述したが、実際はすべての山岳国立公園において山小屋が点在している。

　フランスにおいて国立公園は、永続的な活動の中で、資源空間の享受を皆に可能とする、保存された遺産を将来の世代に伝えるために取って置かれるもの、と位置づけられている[7]。フランスの国立公園構想の起源は森林保護にあると言われ、1893年の訴訟がその一端となった。森林監督官（forestier）のアーネスト・ギニエ（Ernest Guinier, 1837-1908）

が「国立公園の設立に際して…美しい木々と素晴らしい景観の保全のために」訴訟を起こし、「芸術的あるいは美的な利益を理由に」公用収用を提案したのである。20世紀初頭になると、自然を保護しつつ観光を促進するという人々の意欲の下、エステレル山地（Esterel）のような夏季の国立公園やシャルトルーズ山地（Chartreuse）の山塊のような冬季の国立公園の設立が提案されるようになった。1913年6月には、各国における国立公園の設立と拡大のために意見を述べる「フランス観光クラブ（Touring Club de France, 1890-1983）」の提唱で、最初の森林国際会議が開催された。さらに、「フランスと植民地の国立公園協会（Association des Parcs Nationaux de France et des Colonies）」が設立された。同協会は、大きく広がる自然保護区であれ、既存の自然の美しさ全体によって構成される本来の意味の公園からそこで見いだされる植物相や動物相の保護まで含むのであれとにかく、国立公園を設立して維持することを目ざした。第一次世界大戦（1914-1918）後にフランスは、植民地のうち人があまり住んでいない広い面積のところで、国立公園の実験観察を行うようになった。1921年にアルジェリア総督のアレテによって国立公園に関する行政法規が定められ、「セドレ公園（les Cèdres）」が設立された。チュニジアでは「ドジュベル・イシュクルの保護区（réserve de Djebel Ishkeul）」が設立され、モロッコでも公園が設立された。フランス本国では1913年に、法的な基礎も「国立公園」の名称ももたない山岳公園の「ラ・ベラルド公園（parc de la Bérarde）」が設立された。1923年には、後にエクラン国立公園となる「ペルヴー国立公園（parc national du Pelvoux）」が設立されたが、国立公園としての法的な基礎をもつためには1960年法の制定を待たなければならなかった。1960年法が、1963年のヴァノアーズ国立公園、ポール・クロ国立公園、1967年のピレネー国立公園、1970年のセヴェンヌ国立公園、1973年のエクラン国立公園、1979年のメルカントゥール国立公園、1989年のグアドループ国立公園まで、7つの国立公園の設立をそれぞれ可能にした[8]。

２．2006 年 4 月 14 日法と 2016 年 8 月 8 日法による改正

1960 年法は、「国立公園、自然海岸公園、地方自然公園に関する 2006 年 4 月 14 日の法律第 436 号（Loi n° 2006-436 du 14 avril 2006 relative aux parcs nationaux, aux parcs naturels marins et aux parcs naturels régionaux）」（以下「2006 年法」という）と「生物多様性、自然、自然景観の回復のための 2016 年 8 月 8 日の法律第 1087 号（Loi n° 2016-1087 du 8 août 2016 pour la reconquête de la biodiversité, de la nature et des paysages）」（以下「2016 年法」という）によって、いくつかの点が改正された（環境法典 L.331-1 条から同 L.331-25 条、同 R.331-1 条から同 R.331-85 条）。先述のように、7 つの国立公園が 1960 年法を根拠に設立されたが、2006 年法の下で 2007 年にレユニオン国立公園、ギアナ・アマゾン公園、2012 年にカランク国立公園、2016 年法の下で 2019 年に森林国立公園が、それぞれ設立された[9]。特に 2006 年法による改正は、フランスの国立公園法制に大きく 2 つの変化をもたらした。自然海岸公園の設立と、公園中心部および同意区域の設置である。

⑴ 自然海岸公園の設立

2006 年法は国立公園と地方自然公園（後述）を再編し、「自然海岸公園（parc naturel marin）」を新設した。自然海岸公園は、海洋環境の保護および持続可能な開発、海洋遺産の認識に貢献する手段となる[10]。国立公園とは、「特別な利益を示す」自然環境、場合によっては文化遺産の、陸上および海辺の空間を言う（環境法典 L.331-1 条）ので、自然環境、特に動物相、植物相、土壌、地下、大気および水域、自然景観、場合によっては文化遺産が特別な利益を示すことを含む時に、多様性、構成内容、外観、進化を変化させるかもしれない破壊や侵害からのそれらの保護を確保するために、陸上および海辺のすべての空間が国立公園として指定されうることになる[11]。

フランスの公園法制が主に山岳公園を想定して整備されてきた経緯は先述の通りだが、2006 年法の制定から比較的短期間で 9 つの自然海岸公園を数えるまでになったフランスについて、昨今の世界情勢を背景に

海洋においても安全保障と自然保護という2つの目的を同時に達成することを目ざすべく、公園政策の転換期にあると見ることも可能だろう。

(2) 公園中心部および同意区域の設置

　フランスでは「国立公園憲章（charte du parc national）」が各国立公園について定められ、同憲章が、自然環境の連帯を示す、国立公園を構成する2つの区域の案を規定する。1960年法の下では、国立公園は「中央区域（zone centrale）」と「周辺区域（zone périphérique）」を含んでいた。現在、中央区域は「陸上および海辺の保護空間（les espaces terrestres et maritimes à protéger: "le cœur"）」（以下「公園中心部」という）として規定され、公園の1つあるいは複数の中心部を含む。公園中心部について国立公園憲章は、自然、文化、自然景観の遺産の保護という目的を定めて、公園設立のデクレによって規定される保護に関する一般規則の適用方法を明確にする。つまり、公園中心部はデクレに従った保護を保証され、管理目標との一貫性において、そこで行われる人間活動は制御されることになる。他方、周辺区域は今日、「同意区域（aire d'adhésion）」と名付けられ、「国立公園憲章に同意し、保護に自発的に協力することを決めた、特に公園の中心部との地理学的な連続性あるいは生態学的な連帯性の理由から、国立公園の一部とするのに適したコミューンの管轄区域の全部あるいは一部」と定義される（環境法典 L.331-1条第2段落）。同意区域について国立公園憲章は、保護、活用、持続可能な開発の方針を規定し、実施方法を定める。つまり、同意区域あるいは海中の管轄区域を管理する国立公園の隣接海域は、国立公園の公園中心部と一貫性および生態学的な連帯性をもつ空間であるため、すべての当事者たちが持続可能な開発の分配責任を担う。これらの管轄区域において国立公園は、指針の役割を果たす、あるいは、自然、歴史、文化、自然景観の遺産の保存・活用に基づく計画を導くパートナーとなる。また、科学技術上の目的で動物相および植物相の特定の構成要素へのより大きな保護を協議するために、自然保護を担当する大臣の報告に基づいて取り入れられるデクレによる所有者たちとの協議後に、「全面保護区

（réserves intégrales）」を公園の中心部に設けることができる[12]。

　公園中心部について、国立公園憲章は「保護の目的」と定義し、それは公園設立のデクレによる規制と、適用方法を明確化する同憲章によって確保されることになる。公園中心部では、各国立公園の管理を担う「国立公園公施設（établissement public du parc national: EPPN）」（以下「EPPN」という）の特別許可なしで、「都市化空間（espaces urbanisés）」以外での大規模な修繕工事、建設、設置工事を行うことが禁止される。また、都市化空間内でのこれらの活動は、EPPN 意見後に、知事の特別許可に従うことになる[13]。なお、フランスの国立公園管理は11のEPPN に委ねられているが、これらの EPPN とフランス環境省に相当する「エコロジー移行省（Ministère de la Transition écologique: MTE）」の関係は緊密である[14]。

　端的に言えば、フランスの国立公園は、エコロジー移行省の監督下に置かれた国の公施設である。フランスの国立公園は後述の「フランス生物多様性局（OFB）」と結びつけられ、同局が交流や共同計画の発展を促進するために EPPN のネットワークを推進する。したがってフランスの国立公園は、コミューンに将来、生物多様性や持続可能な開発に関する局を構築するために、国の計画やプログラムに積極的に貢献することになる。国立公園は地方に根づき、地方議員たちで構成される多数決の行政会議によって管理される[15]。

　同意区域について、国立公園憲章が保護、活用、持続可能な開発の方針を規定し、実施方法を定めることは先述したが、これはかつての「周辺区域」が公園の一部をなすことさえなかったことからすると、進歩と言える。農業、森林、自然へのアクセスや観光、水管理、材料の採取、狩猟や釣りに関するすべての計画書類は、国立公園内の空間に適用される限りは EPPN の協議の対象とされなければならないが、これらの書類と国立公園憲章の両立、すなわち「公園憲章適合義務（obligation de compatibilité）」が求められるのは、公園中心部のみである。もし同意区域内での工事あるいは整備の案が特別許可に従わないならば、すべての強制は必ずしも免除されなくなる。例えば、環境評価あるいは環境許可

に従う EPPN 意見が工事あるいは整備の案について要求されるし、このことは公園中心部での活動に影響を及ぼしうる。公園中心部と周囲の空間との生態学的な連帯に関連する、直接的な要求が存在するからである。同意区域はまた、コミューンの同意という実際的な効果によって、公園中心部の保護に協力することになる。したがって、コミューンは、国立公園憲章の方針や措置と自分たちの活動との一貫性、すなわち「公園憲章一貫義務（obligation de cohérence）」と、必要な実施方法に留意しなければならない[16]。

(3) 国立公園憲章と都市計画法の適用関係

都市計画に関する許可との関係では、大規模な修繕工事、建設、設置工事などの活動は都市化空間内では可能だが、EPPN 意見後に知事の特別許可に従うことになる点は先述した。これらの活動が都市計画に関する許可に従うならば、EPPN の施設長あるいは知事の適法な意見が、特別許可の代わりとなる場合がある。工事、建設、設置工事について、公園規制（réglementation du parc）や国立公園憲章によって特別な法規範を定めることは、いつでも可能である。また、公園設立のデクレは、建設工事や設置工事に適用される規定を含むことができる（環境法典 L.331-4- I ）。これらすべての法規範は公益地役権（SUP）を構成し、したがって都市計画に関する許可に対抗するために、都市計画ローカルプラン（PLU）の付属資料とされなければならない。環境法典 L.331-6 条は、国立公園の公園中心部を象徴する適性をもつ空間で計画される、国立公園の設立、工事、建設、設置工事を考慮に入れる行政機関の判断から、問題の場所の状態あるいは空間の外観を変化させるかもしれないこと、または、それらが都市計画に関する許可、その行政機関の適法な意見に従うことを想定している。さらに、それらの計画に関して、都市計画に関する許可申請について決定を下すことを延期できる（都市計画法典 L.424-1 条）[17]。

国立公園と都市計画文書の関係については、管轄区域の全部あるいは一部が公園あるいはその周辺区域に位置するコミューンを取り扱う広域

一環計画（SCOT）および PLU の作成に、EPPN を参加させることの重要性が指摘されている。SCOT、SCOT がなければ PLU とコミューン地図は、国立公園憲章と両立しなければならないし、同憲章の保護の目的や方針をより明確にしなければならないからである。なお、これらの都市計画文書が国立公園憲章の承認より前に認められた場合、同憲章の承認から 3 年の期間内に、都市計画文書は国立公園憲章に適合させられなければならない[18]。都市計画文書に伴うこのような公園憲章適合義務に対しては、公園中心部のための保護の論理が同意区域にまで拡大するのを恐れる地方公共団体が、同意の判断について検討することを避ける事態を招いているとの指摘もなされている[19]。

3．フランス生物多様性局（OFB）の創設

　フランスでは 2020 年 1 月 1 日に、フランス本土と海外県における生物多様性の保護と回復への挑戦を盛り立てるべく、「フランス生物多様性局（Office français de la biodiversité: OFB）」（以下「OFB」という）を創設した。OFB はエコロジー移行省（MTE）と農業・食料省（Ministère de l'Agriculture et de l'Alimentation）の二重の監督下に置かれ、地方レベルから国際レベルまでの全段階において、フランス本土と海外県のすべての管轄区域に介入する。生物多様性に関する強いネットワークの当事者たちの中心は、地方公共団体、国から事務分散された局、企業、学術研究機関、団体、自然の利用者たち、市民たちである[20]。

　フランスの国立公園が OFB と結びつくことは先述したが、OFB はフランスの 11 の国立公園を支援し、さらに保護海域の管理者たちや保護区域の会議といったネットワークを推進することによって、他の自然保護空間の管理者たちをも支援する。管轄区域における生物多様性の保護の課題に対応するために、OFB は、州、水に関する行政機関、国から事務分散された局と共に、生物多様性に関する州行政機関のネットワークの設立と推進に協力する。OFB は 2021 年現在、約 2650 人の職員の下、11 の国立公園に加えて、8 つの自然海岸公園、26 の「自然保護区（réserves naturelles）」などを精力的に支援する[21]。

Ⅱ．山岳公園レクリエーションと地方自然公園（PNR）

　登山活動などの山岳公園レクリエーションについて、フランスでは「地方自然公園（parcs naturels régionaux: PNR）」が大きな役割を果たす。最初から斬新な手段として登場し、1967 年 3 月 1 日のデクレによって正式に創設された地方自然公園は、「文化的な関心事の芽生えに、より好意的な条件を生み出すために見いだされた、自然、田園生活や自然・建築の、ある種の豊かさ、安らぎ、静けさ、休息に、都市の住民たちが接触することを可能にする」という目的で着想された。もっとも、地方自然公園への指定は当初は明白に、「人間の休息、休暇、観光のための」特別な利益を「自然および文化の遺産の質」と結びつけて考えられていたため、地方自然公園は自然の厳格な保護手段ではなく、あくまでも保護手段を含むものに過ぎなかった[22]。地方自然公園の典拠法の 1 つである 1975 年 10 月 24 日のデクレによると、自然遺産や文化遺産の質の良さが、人間の休息、教育、安らぎ、観光などに特別な利益をもたらすので、そのような管轄区域の保護や組織化を図ったのである[23]。

　1967 年 3 月 1 日のデクレは何度も修正され、地方自然公園の法的な基礎は今日、1993 年の自然景観法に見いだされる（環境法典 L.333-1 条から同 L.333-3 条）。1993 年の自然景観法は特に、先述の 2006 年法および 2016 年法によって修正された。地方自然公園は、自然景観や自然および文化の遺産の保存を考慮し、地方公共団体によって導かれる活動のために特別扱いの枠組みを設けるので、地方公共団体の環境保護政策に協力することになる。地方自然公園はまた、管轄区域の整備政策、経済・社会の発展、国民の教育・育成政策に貢献することを使命とする点が、環境と空間の保全をもっぱらの使命とする国立公園と根本的に異なる[24]。なお、フランスの地方自然公園は「régionaux」つまり「州の」あるいは「地域圏の」公園なので、比較法的には日本の都道府県立公園やアメリカの州立公園に相当すると考えられる。

　国立公園と同様に地方自然公園においても、公園憲章が各地方自然公園について定められる。保護の方針、活用と開発、利用を可能にする方

法が定められ、地方自然公園の管轄区域に適用されるほか、公園内の自然景観の構成を保護するという基本方針および原則が定められる（環境法典 L.333-1-Ⅱ条）。しかし、国立公園憲章と違って地方自然公園憲章の正文は正規の法的拘束力をもたず（ランス山地方自然公園混合組合判決、CE, 15 nov. 2006, nº 291056, Syndicat mixte du PNR de la montagne de Reims）[25]、第三者への義務をそれ自体によって課すこともできない（ローヌ・アルプ地方労働組合判決、CE, 8 févr. 2012, nº 321219, Unicem de Rhône-Alpes）。さらに特徴的なのは、地方自然公園憲章が公益地役権（SUP）を構成できない点である[26]。

　このように、地方自然公園憲章は第三者に対抗できないものの、「全国規模で自然景観の質および多様性を守るのを可能にする、自然景観の構成を保全し、評価を伴い、改良を生み出すことを目ざす方針」として自然景観の質の目標を定めることから（環境法典 L.333-1 Ⅱ 1º 条および同 L.350-1C 条）、フランスの自然保護政策に大きく貢献している[27]。地方自然公園の整備や管理は大きく見ると、1972 年創設の「フランス地方自然公園連盟（Fédération des parcs naturels régionaux de France）」に委ねられ、同連盟は 58 の地方自然公園（2021 年 9 月現在）の全国組織であると共に、各地方自然公園は混合組合（syndicat mixte）の性質をもつ[28]。また、山岳地帯の地方自然公園は特に、「生物学的なバランスの保護および景観・自然景観の保存に関する業務において、模範的手法となる」という理由から、山塊委員会によって代表される[29]。

　以上のように、フランスの地方自然公園は創設当初からまさに山岳公園レクリエーションによる利用を想定していたと思われる。また、地方自然公園の数（58 か所）と総面積（7 万平方キロメートル以上）が国立公園のそれらを既に上回っていることや、地方自然公園と地方公共団体の関係が、国立公園と地方公共団体のそれよりも警戒のニュアンスが弱い点などを考慮すると[30]、山岳公園法制の在り方を考える上で今後は一層、注目されていくだろう。

Ⅲ．フランスの山岳国立公園の展望と日本への示唆

1．「ナチュラ 2000 景観」ネットワーク、モンブラン国立公園構想

　2006 年法の制定以降、フランスでは同じ土地上で国立公園と地方自然公園、あるいは国立公園と自然保護区が重なることが認められなくなった（環境法典 L.331-2 条、同 R.333-11 条）[31]。これは特に、国立公園と地方自然公園の管轄区域のすみ分けを意識したものだったが、他方で、国立公園と地方自然公園の融合につながると思われる動向が見られることも長く指摘されてきた[32]。自然遺産の保護との関連で近年は、「生態環境、動物相、植物相の利益を有する自然地帯（zones naturelles d'intérêt écologique, faunistique et floristique: ZNIEFF）」、「ナチュラ 2000 景観（sites Natura 2000）」など、自然遺産のリストアップに関する新設制度の概念[33]が国立公園と地方自然公園の両方にも影響を与えており、国立公園と地方自然公園のみならず、公園全般と自然遺産ひいては文化遺産を含めた保護という 1 つの方向性が現れているのも事実だろう。近年は特に、ヨーロッパ共同体のナチュラ 2000 の「鳥のための特別保護地帯（いわゆる 1979 年 4 月 2 日の「鳥類（oiseaux）」保護指令、2009 年 11 月 30 日に置換え）」および「他の空間のための保全特別地帯（いわゆる 1992 年 5 月 22 日の「生息地（Habitats）」保護指令）として景観を指定し、ヨーロッパ全体の「ナチュラ 2000 景観」ネットワークとして、コミューンが保護に協力する動きが活発である[34]。他方で、1989 年から検討が続く、フランス、スイス、イタリアとの国際公園構想である「モンブラン国立公園（parc national du Mont-Blanc）」構想の実現も待たれるところである[35]。

2．国立公園の入園料問題、メセナの活用

　日本では最近、山岳国立公園の管理をめぐって入山料の徴収方法が活発に論じられているが、フランスでは入山料に相当する国立公園の入園料について 2020 年に提案がなされたものの議論が盛り上がらず、現在も無料の状態が続いている。もっとも、駐車場料金は徴収しており、フ

ランスの山岳国立公園へのアクセスが車以外ではほぼ不可能なことから、この駐車場料金が実質的な入園料にあたると考えられる。

なお、アメリカの国立公園では、車両1台ごとに課金される通行料兼駐車場料金が入園料の役割を果たしており、年間パスポートを導入するなどの工夫も見られる。日本の自然公園財団による駐車場管理も、参考になるだろう。

フランスならではの背景として、「メセナ（mécène. 芸術・文化の庇護）」活動が非常に活発なことが挙げられ、直接的な入園料徴収を議論するよりもむしろ、メセナの一環として国立公園を支援しようとする動きが盛んである。2008年からは、仲介なし共済組合（mutuelle sans intermédiaire）の「GMF（Garantie Mutuelle des Fonctionnaires. 公務員相互保障）」および先述のように公施設としての「フランス国立公園（parcs nationaux de France）」のネットワークがOFBと結びつけられ、「自然共有（la nature en partage）」のテーマの下、大規模なメセナが展開されて成功を収めている[36]。

国立公園の存在が、自然遺産や文化遺産の保護に加えて国境の安全保障にも密接に関連していることに配慮しつつ、入園料徴収を含む国立公園の持続可能性に関する問題について、フランスのみならず日本もまた、真摯に取り組む時期に来ていると言えるだろう。

注

1) Parc national des Ecrins, Parc national des Pyrénées, et Préserver la flore sauvage des Pyrénées, Faune et Flore de nos Montagnes, Éditions Glénat, 2021, p. 4.

2) フランス国立公園HP（http://www.parcs nationaux.fr/fr/des-decouvertes/les-parcs-nationaux-de-france/les-parcs-nationaux-11-espaces-naturels-proteges　最終閲覧日2021年9月17日）。

3) フランス国立公園HP（http://www.parcs nationaux.fr/fr/print/des-decouvertes/les-parcs-nationaux-de-france　最終閲覧日2021年9月17日）。

4) Michel Prieur, Droit de l'environnement, 8e

édition, Éditions Dalloz, 2019, p. 474.

5) 熊倉基之「山岳国立公園管理の将来」日本不動産学会シンポジウム『山岳国立公園管理の将来—レクリエーション・登山のための利活用を探る』（日本不動産学会主催、2021年11月10日）個別報告資料1頁スライド6。

6) 久末弥生『フランス公園法の系譜』（大阪公立大学共同出版会、2013年）22頁、25頁。

7) République Française, Les parcs nationaux de France, édition 2021, p. 3.　フランス国立公園HPからダウンロード可能（http://www.parcsnationaux.fr/fr/publications-et-documents　最終閲覧日2021年11月8日）。

8) Marianne Moliner-Dubost, Droit de

l'environnement, 2e édition, Éditions Dalloz, 2019, pp. 280-281.

9） Pierre Soler-Couteaux, Élise Carpentier, Droit de l'urbanisme, 7e édition, Éditions Dalloz, 2019, p. 421; Moliner-Dubost, supra n.8 pp. 281-282.

10） Moliner-Dubost, supra n.8 p. 280.

11） Soler-Couteaux, supra n.9 p. 421.

12） Moliner-Dubost, supra n.8 p. 282; Soler-Couteaux, supra n.9 p. 422; République Française, supra n.7 p. 3.

13） Moliner-Dubost, supra n.8 p. 286.

14） 久末・前掲注（6）23-24頁。

15） République Française, supra n.7 p. 3.

16） Moliner-Dubost, supra n.8 p. 287; 久末・前掲注（6）30頁。

17） Soler-Couteaux, supra n.9 p. 422; Moliner-Dubost, supra n.8 p. 286.

18） Soler-Couteaux, supra n.9 pp. 422-423.

19） Moliner-Dubost, supra n.8 p. 288.

20） République Française, supra n.7 p. 18.

21） Id.

22） Moliner-Dubost, supra n.8 p. 293.

23） 久末・前掲注（6）28頁。

24） Soler-Couteaux, supra n.9 p. 423.

25） 久末・前掲注（6）29頁。

26） Soler-Couteaux, supra n.9 p. 423.

27） Moliner-Dubost, supra n.8 p. 294.

28） 久末・前掲注（6）28頁、フランス地方自然公園連盟HP（https://www.parcs-naturels-regionaux.fr/　最終閲覧日2021年9月25日）。

29） Moliner-Dubost, supra n.8 p. 294.

30） 久末・前掲注（6）31頁。

31） Prieur, supra n.4 p. 474.

32） 久末・前掲注（6）27頁。

33） Soler-Couteaux, supra n.9 p.424.

34） Id, pp.425-426.

35） Prieur, supra n.4 p. 474.

36） フランス生物多様性局（OFB）HP（https://ofb.gouv.fr/gmf-mecene-des-parcs-nationaux-de-france　最終閲覧日2021年11月12日）。

第6章

アメリカの自然保護政策と国土安全保障

　アメリカにおいて自然地域の保護を図ることは、大きく3つの意義をもつ。まず、連邦所有地自体の安定した維持管理である。次に、連邦所有地上のさまざまな資源の保護と管理運営である。最後に、連邦所有地の生物多様性および生態系に対する脅威への対応である。これらはいずれも、アメリカの国土安全保障に直結する課題であると同時に、国土強靭化を実現する鍵を握るものと言える。本章では、アメリカの自然保護政策が争われた連邦裁判所による最近の判例のうち、国土安全保障および国土強靭化という観点から有意義と思われる2つの事件に着目し、整理と検討を行う。

Ⅰ．可航水域と連邦陸軍工兵隊の管轄権 ——自然保護と国土強靭化

1．はじめに

　「可航水域（navigable waters）」とは、通常の状態で「通商の公水路（highway for commerce）」として利用されうるあらゆる水域を意味し、連邦政府が可航水域の利用を規制し管理する権限をもつ。可航水域をめぐっては、「民間所有の湿地の一部に連邦陸軍工兵隊（U.S. Army Corps of Engineers. 以下「工兵隊」という）の管轄権が及ぶか」というかたちで、特に1980年代以降は「水質浄化法（Clean Water Act）」との関係で争われてきた。

　他方、2002年の「国土安全保障省（Department of Homeland Security:

DHS)」（以下「DHS」という）の創設は、安全保障という観点からアメリカ国土に関する法制度を再整備する契機となった。アメリカにおいて「国土安全保障（homeland security）」とは端的に、人災および自然災害に対して準備し対応する技術を意味するところ[1]、国土強靭化を支えるこれらの国土安全保障活動において中心的な役割を担うのもまた、工兵隊である。

このように、可航水域における工兵隊の管轄権は、自然保護政策のみならず、国土強靭化政策とも潜在的に連動している。

2．合衆国対リバーサイドベイビューホームズ社（1985年）

1972年の水質浄化法の制定後、同法に基づく工兵隊の管轄権が湿地に及ぶかどうかについて判示したのが、合衆国対リバーサイドベイビューホームズ社（United States v. Riverside Bayview Homes, Inc., 474 U.S. 121 (1985)）判決（以下「リバーサイドベイビュー判決」という）だった。水質浄化法404条（浚渫あるいは埋立用土砂の投入に許可を義務づける規定）に基づく工兵隊の権限を、可航水域あるいは州際水域とそれらの支流に「隣接する（adjacent）」湿地に広げるとし、湿地を「浸水する土壌状態に特徴的に適応した植物を維持するのに十分な頻度と継続期間で、地表水あるいは地下水によって氾濫あるいは浸水する」土地として定義する規則（連邦行政命令集33巻323.2(c)条）を、連邦最高裁は支持した。

水質浄化法自体が意図する連邦規制権限の幅や、規制できる水域の明確な境界を定義することの難しさを考慮すると、水域とそれらに隣接する湿地の関係についての工兵隊の生態学的な判断は、隣接する湿地が同法に基づく水域として定義されるという法的判断を十分に裏付ける、と連邦最高裁は判示した。つまり、工兵隊の権限を湿地に広く及ぶものと判断したのが、リバーサイドベイビュー判決だった。

3．オーチャードヒル建設会社対連邦陸軍工兵隊（2018年）

Orchard Hill Building Company v. United States Army Corps of Engineers, 893 F. 3d 1017 (7th Cir. 2018) は、民間ディベロッパーであ

るオーチャードヒル建設会社（以下「オーチャードヒル」という）が、大規模な住宅地開発のために購入した湿地について、水質浄化法上の「連邦の水域」にあたるとした工兵隊の決定を、争った事案である。

◉ Orchard Hill Building Company v. United States Army Corps of Engineers, 893 F. 3d 1017 (7th Cir. 2018)

【事実】　＊文中の〔　〕は著者が補ったものである。

　連邦議会は「連邦の水域の化学的、自然科学的、生物学的に完全な状態を回復かつ維持するために」、1972年に水質浄化法（Clean Water Act）を制定した。同法において「連邦の水域（waters of the United States）」として定義される「可航水域（navigable waters）」の汚染は原則的に禁止され、そのような汚染に対しては重い刑事罰や民事罰を課されるし、そのような水域の上あるいは近くで建築許可を得るのは時間も費用もかかるということが、同法の立法目的を達成する主な手段の１つになっている。しかし同法は、何が「連邦の水域」を構成するか、定義しない。

　他方、工兵隊は「連邦の水域」について、「潮の干満の影響を受ける」水域、州間のレクリエーションあるいは通商で利用されうる「川（rivers）」、そのような水域の「支流（tributaries）」、支流を含む他の連邦の水域に隣接する湿地までを広く含めて定義する。「以前に〔湿地から〕転用された農耕地（prior converted cropland）」は「連邦の水域」から免除されるが、これは工兵隊によると、1985年以前に「使われて…農作物が作られていた」湿地を意味する（連邦議会が「湿地退治」プログラムを定めた際に、農業のために湿地を使う農場経営者の利益は否定されたが、彼らは５年間あるいはそれ以上の間、農業使用を放棄しなかったため）。

　このように、所有地の特定部分が「連邦の水域」を含むかどうかの判断は、難しいことが多い。しかし、自らの所有地が「連邦の水域」を含むかどうか心配な土地所有者は、工兵隊からの「管轄権決定（jurisdictional determination）」を求めることができる。オーチャードヒルは、そのよ

うな土地所有者だった。1995年にオーチャードヒルは、イリノイ州ティンリーパークに位置する100エーカーの元農地のウォームケ区画を購入した。同区画における2期の住宅地開発の建築許可を得たオーチャードヒルは、1996年から7年間にわたる第1期開発で100棟以上の住宅を建設した。建設工事がその地域の排水を変化させ、約13エーカーの雨水が水たまりになり、湿地植物が育った。この土地すなわちウォームケ湿地の上で第2期開発の建設工事を始める前の2006年に、オーチャードヒルは工兵隊からの管轄権決定を求めた。

　地区工兵（Corps district engineer）〔後の3つのアピールにおける当事者の地区工兵はそれぞれ別人である〕は、「ウォームケ湿地の管轄権決定の歴史は、非常に長く、議論のある、複雑なものと言える。」と適切に表現した上で、次のように決定した。ウォームケ湿地はウォームケ区画全体と同様に住宅地開発に囲まれており、最も近い可航水域は11マイル離れたリトルキャルメット川である。ウォームケ湿地とリトルキャルメット川の間には、人工の排水溝、開けた水域のため池、下水道管、リトルキャルメット川の支流のミドロジアン川があり、ウォームケ湿地はその支流に隣接するので「連邦の水域」である。この決定は、ウォームケ湿地がミドロジアン川まで下水道管を通す方法で干拓されたという事実に基づいていた。オーチャードヒルは、決定を不服としてアピール（appeal）〔最初のもの〕した。

　このアピールの係争中に連邦最高裁は、工兵隊の管轄権が及ぶ範囲を減退させるという画期的な内容の、ラパノス対合衆国（Rapanos v. United States, 547 U.S. 715 (2006)）判決（以下「ラパノス判決」という）を出した。ラパノス判決では、実際の可航水域に隣接しない湿地が、いつ「連邦の水域」を構成するのかが問題となった。アンソニー・ケネディ（Anthony Kennedy）裁判官は、実際の可航水域の支流への湿地の隣接は、それだけで湿地を「連邦の水域」とするのには不十分であると判断した。むしろ、「〔そのような〕湿地に及ぶ工兵隊の管轄権は、問題の湿地と伝統的な意味での可航水域の間の重要な連関（significant nexus）の存在にかかっている」。ケネディ裁判官の説明によると、湿地が必要条

件の連関を有し、もし湿地が単独であれその区域の類似の状態にある土地と結合してであれ、「可航」としてより容易に理解できる他の保護水域の化学的、自然科学的、生物学的に完全な状態に変化をもたらすならば、法定の「可航水域」のフレーズの範囲内である。それに対して、水質への湿地の影響が推論的あるいは非現実的ならば、それらは法定のフレーズの「可航水域」に明確に取り囲まれる地帯の範囲外である、ということになる。また、工兵隊は「非可航支流への隣接に基づいて湿地の規制を求める場合、1件1件、根拠に基づいて」この決定を行わなければならない。

　ラパノス判決が出された後に工兵隊も、ケネディ裁判官の重要な連関テストに従うことを決めた。2008年末に工兵隊は、『ラパノス対合衆国とカラベル対合衆国における連邦最高裁判決に従う、水質浄化法の管轄権（「ラパノス・ガイダンス」）(Clean Water Act Jurisdiction Following the U.S. Supreme Court's Decision in Rapanos v. United States & Carabell v. United States (the "Rapanos Guidance"))』（以下「ラパノス・ガイダンス」という）という題名の内部ガイダンスを出した。ラパノス・ガイダンスは、重要な連関テストの「類似の状態にある土地」を、「同じ支流に隣接する湿地」すべてを意味すると解釈する。「そのような湿地は自然科学的に似ている状態にある」からというのが、その理由だった。また、ラパノス・ガイダンスは工兵隊に、もしそのような隣接の湿地が存在するならば、まず〔管轄権の〕決定を行い、「重要な連関が存在するかどうかを評価する際に、その支流に隣接するすべての湿地によって果たされる機能と一緒に、その支流の流れと機能を考慮に入れる」ように説示する。

　ラパノス・ガイダンスに鑑みて、地区工兵は再審査のためにウォームケ湿地についての2006年の管轄権決定を差し戻した。2008年から2010年の間に地区工兵は、ウォームケ湿地の土壌組成を再審査し、2010年3月には現地を視察し、ウォームケ湿地からミドロジアン川への「間欠的な水流」を観察した。地区工兵はウォームケ湿地の組成分析あるいはサンプル抽出を行わなかったが、観察した水文学上のつながりに基づい

て、工兵隊がウォームケ湿地への管轄権を有すると再び結論づけた。オーチャードヒルはアピール〔2番目のもの〕を提起したが、工兵隊は否定した。

　以上のような行政上の経緯とは別に、司法上の経緯として新たな連邦裁判所判決が出された。2010年9月に連邦地裁は、行政手続法（Administrative Procedure Act: APA）（以下「APA」という）に基づく予告・意見聴取（notice-and-comment）を受けたことがない立法規則という理由で、以前に転用された農耕地免除（prior-converted-cropland exemption）から「非農業（non-agricultural）」地を除外するという工兵隊規則を退けた（New Hope Power Co. v. U.S. Army Corps of Engineers, 746 F.Supp.2d 1272 (S.D. Fla. 2010). 以下「New Hope判決」という）。この判決に頼りながらオーチャードヒルは、地区工兵に管轄権決定を再考し、ウォームケ湿地を免除該当と決定するように求めた。地区工兵は決定を再検討することに同意したが、工兵隊がウォームケ湿地への管轄権を有すると再び決定した。この決定は、New Hope判決が免除の5年間放棄制限をそのまま残したし、ウォームケ湿地はオーチャードヒルへの売却完了以来、農耕地として使用されてこなかったと指摘した。

　再考された決定は、重要な連関分析についても詳述した。その報告書は、ミドロジアン川に「隣接する」という噂の、したがってラパノス・ガイダンスによるとウォームケ湿地の「類似の状態にある」165の湿地をリストアップしたが、ミドロジアン川へのこれらの湿地の近接を証明あるいは説明しなかったし、165の湿地について工兵隊が指揮してきた観察も実験も反映しなかった。にもかかわらず地区工兵は、湿地が全体としてミドロジアン川とリトルキャルメット川に「有益な栄養分と生息地を提供すると同時に、堆積作用、汚染物質、下流の氾濫による出水を減少させる」と結論づけ、したがって「〔ウォームケ〕湿地は単独であるいはその区域の湿地と結合して、リトルキャルメット川の化学的、自然科学的、生物学的に完全な状態に重大な変化をもたらす」と認定した。

　3番目のアピールが提起された。再検討を行う地区工兵は、オーチャードヒルの、以前に転用された農耕地免除の主張は、ウォームケ湿地を

15 年間放棄したことを考えれば何も実体をもたないと主張した一方で、地区工兵の重要な連関分析が不十分だと認めた。2013 年 7 月の差戻しで、地区工兵は 11 頁の報告書と共に事実認定を補足した。その補足は、用語の詳述あるいは地域の調査を行わなかったが、165 の湿地がすべて「ミドロジアン川流域」の一部とみなされると強く主張し、結局は「ウォームケ湿地は単独であるいはその区域の他の湿地と結合してリトルキャルメット川に重要な連関を有する」という、初期の決定を反映させた結論を出した。

　その最終決定が行われると同時に、オーチャードヒルは連邦裁判所に頼り、APA に基づく「最終行政活動（final agency action）」としての工兵隊の管轄権決定について、再審査を求めた。当事者らは行政記録に基づいて、略式判決を求める交差申立て（cross motions）を提起した。判決の中で地裁は、工兵隊の事実認定、特に 11 頁の補足で述べられたものを審理し、リトルキャルメット川へのウォームケ湿地の自然科学的、生物学的、化学的な影響に関する工兵隊の結論に敬意を表して譲歩（defer）し、工兵隊が 5 年間放棄制限を適切に適用したと判断した。地裁は工兵隊勝訴の判決を下し、工兵隊の略式判決申立てを認めてオーチャードヒルのものを否定した。そこで、オーチャードヒルが控訴した。

【判旨】
　連邦第 7 巡回裁判区控訴裁判所のエイミー・J・スト・イブ（Amy J. St. Eve）裁判官は、工兵隊が実際の可航水域への重要な連関についての十分な証拠を提出してこなかったと認めて、工兵隊が管轄権決定を再考するようにという説示と共に、原判決を取り消して原審に差し戻した。控訴裁は 2006 年のラパノス判決を引用して、重要な連関テストは、「単独であれ、その区域の類似の状態にある土地と結合してであれ、「可航」としてより容易に理解できる他の保護水域の化学的、自然科学的、生物学的に完全な状態に変化をもたらす」湿地かどうかを工兵隊が 1 件 1 件決定することを求める、とした。そして、〔3 番目のアピールに対する〕最終差戻しにおける工兵隊の結論が、記録において実質的証拠を

欠くとした。

　ウォームケ湿地の「単独」の影響について、工兵隊の補足は、湿地が下流の水域に及ぶかもしれない汚染物質を濾過して除去できる「腎臓」であるとして、ウォームケ湿地が汚染物質を通過させる「能力」をもつと結論づけた。控訴裁は、そのような「推論的な」事実認定は、重要な連関を裏付けることができないとした。工兵隊の補足はさらに、ほぼ13エーカーのウォームケ湿地がその地域で4番目に大きな湿地で、ミドロジアン川流域にある総462.9エーカーの湿地の2.7%を構成し、もしその流域のすべての湿地が失われると氾濫による出水が13.5%上昇するだろうと述べた。控訴裁は、その「粗い見積もり」はウォームケ湿地の単独の重要な連関を裏付けないし、同じことが、下流の窒素の潜在的な上昇についての工兵隊の補足の事実認定にも当てはまるとした。工兵隊はまた、165の湿地が実際に「類似の状態にある」という事実認定について、十分な証拠を提供してこなかった。つまり、ラパノス・ガイダンスは敬意に価するが、記録の中に165の湿地がミドロジアン川に隣接するという工兵隊の主張を裏付けるものが何もないというのが、控訴裁の判断だった。そもそも工兵隊は165の湿地をリストアップする際に、『全国湿地目録：ティンリーパーク、イリノイ地域、1981年（National Wetlands Inventory: Tinley Park, Illinois Quadrangle, 1981）』（以下「NWI」という）との漠然とした題名の地図から情報を得ているが、NWIは記録に出てこないし、NWIには165の湿地の近くの場所が何も載っていないにもかかわらず、工兵隊の補足はNWIデータが「ミドロジアン川流域にある165の湿地を確認する」と主張しており、その主張は記録の中で何によっても裏付けられておらず、それが正しいとしても同じ流域の湿地がどのように同じ支流に隣接するかについて工兵隊が何も説明してこなかったと控訴裁は指摘した。

　控訴裁が示した本件の記録についての最も公正な解釈は、次のようなものだった。地方技師が、ティンリーパーク地域にある165の湿地を特定するNWI資料を概観し、それらすべての湿地を類似の状態にあるとみなした。その仮定は防御できたかもしれないが、工兵隊は「その仮定

について、記録された裏付けを提供しない」。工兵隊の決定を注意深く検討したが、行政機関に対するわれわれの最大限の敬意をもってしても、記録された裏付けから成る重大な事実認定の利益を後退させることは許されない。控訴裁は、工兵隊が長年、湿地および類似の状態にあるものがリトルキャルメット川に重要な連関を有するという十分な証拠を提出してこなかったとして、工兵隊への地裁の略式判決の付与を取り消し、ウォームケ湿地への管轄権の再考についての工兵隊への説示と共に差し戻した。

【解説】

リバーサイドベイビュー判決（1985年）、ラパノス判決（2006年）という2つの連邦最高裁判決に続き、湿地に連邦管轄権が及ぶかどうかが争われた本件で、控訴裁は工兵隊の権限を湿地に広く及ぶものとは判断しなかった。工兵隊の権限と湿地の関係についてはSWANCC対連邦陸軍工兵隊（Solid Waste Agency of Northern Cook County (SWANCC) v. U.S. Army Corps of Engineers, 531 U.S. 159 (2001)）判決（以下「SWANCC判決」という）において、渡り鳥の使うすべての湿地に連邦管轄権が及ぶとする工兵隊の「渡り鳥規則」を連邦最高裁が否定したこともあり[2]、司法上の混乱が今も続いている。また、アメリカの法政策は時の政権が共和党か民主党かによって異なり、共和党政権は連邦政府を弱めて州政府を強める傾向、民主党政権は連邦政府を強めて州政府を弱める傾向があることが政治学分野において広く指摘されているが[3]、こうしたスタンスの違いは「連邦の水域」についての規則が政権交代に伴い二転三転する状況を生み、立法および行政上の混乱も続いている。もっとも、この間もラパノス判決におけるケネディ裁判官の「重要な連関」テストは定着してきた。

本判決も、ラパノス判決を引用して重要な連関テストに依拠しつつ、工兵隊による事実認定の裏付けが不十分であるとして、本件の湿地に連邦管轄権が及ばないとしたに過ぎない。したがって、工兵隊が関わる水質浄化法に基づく自然保護政策、あるいは国土強靱化政策自体を後退さ

せるものでは決してない点に留意すべきだろう。

Ⅱ．絶滅危機種保護法（ESA）と気候変動

1．はじめに

「絶滅危機種保護法（Endangered Species Act: ESA）」（以下「ESA」という）の第4⒟条は、内務長官（Secretary of the Interior）あるいは商務長官（Secretary of Commerce）に、「絶滅危惧種の保全を規定する必要があるし、そうすることが望ましい」と思われるならば、規則を公布するよう義務づける。「内務省魚類・野生生物局（Fish and Wildlife Service: FWS）」（以下「FWS」という）によって2008年12月に公布された「ホッキョクグマについての特別規則（Special Rule for the Polar Bear, 73 Fed. Reg. 76249）」はまさにそのような規則であり、絶滅を危惧される状態のホッキョクグマに適用される保護の仕組みを明記する。ホッキョクグマはアメリカでは既に、条約その他の国際協定に加えて「海洋哺乳類保護法（Marine Mammal Protection Act: MMPA）」に基づいて規制されていたが、FWSはESA第4⒟条に従ってホッキョクグマに追加的なESA保護を広げることが、種の保全にとって必要であるし望ましいと判断した。この特別規則はとりわけ、種の現在の生息区域内での石油・天然ガス探査および開発行為による、個々のホッキョクグマとその生息地への直接の影響のおそれという問題に取り組むことを目標とする。

絶滅危機種あるいは絶滅危惧種（「絶滅危機種（endangered species）」のほうが「絶滅危惧種（threatened species）」よりも危機のレベルが高い）の問題と、温室効果ガス排出や気候変動の問題は、いずれも全世界的な課題であると共に、両問題の相関性も長く指摘されてきたところである。ホッキョクグマの保護をめぐる近年のアメリカの動向は、アラスカ州の「北極圏国立野生生物保護区（Arctic National Wildlife Refuge: ANWR）」（以下「ANWR」という）におけるエネルギー政策と密接に関連しており、国土安全保障に直結する課題と言える。

２．ESA に基づくホッキョクグマのリストアップおよび ESA 第 4 ⒟ 条に基づく規則の訴訟に関する事件（2013 年）

In Re Polar Bear Endangered Species Act Listing and Section 4 ⒟ Rule Litigation, 709 F. 3d 1（D.C. Cir. 2013）は、全世界的な気候変動の影響で、ホッキョクグマを ESA に基づく「絶滅危惧種（threatened species）」としてリストアップするとした FWS の認定の適否が、争われた事案である。

◉ In Re Polar Bear Endangered Species Act Listing and Section 4 ⒟ Rule Litigation, 709 F. 3d 1（D.C. Cir. 2013）

【事実】　＊文中の〔　〕は著者が補ったものである。

2005 年 2 月に生物多様性センター（Center for Biological Diversity）は内務長官に、ESA に基づく絶滅危惧（threatened）種としてホッキョクグマをリストアップするよう請願した。2006 年 12 月に FWS は、査読と多くのパブリック・コメントの機会を経て、262 頁の現状報告書（Status Review）を完成させた。2007 年 1 月に FWS は、ホッキョクグマを絶滅危惧種としてリストアップするためのルール案を公表し、90 日間のパブリック・コメント期間が始まった。

　一連の規則制定手続プロセスを通じて、FWS は「合衆国地質調査部（U.S. Geological Survey: USGS）」（以下「USGS」という）の援助を求めた。USGS は『絶えず変化するホッキョクグマの生息数、生息区域全体の生息地使用、北極の海氷状態の変化に関する一連の研究を分析してまとめた 9 つの科学技術的な報告書』を出し、それらもまたパブリック・コメントにかけられた。2008 年 5 月に FWS は、リストアップ・ルール（Listing Rule）の最終案を公表した。このリストアップ・ルールは、「ホッキョクグマが生息区域の全体を通じて、予測可能な将来のうちに絶滅危機種（endangered species）になるように思われる」ので、絶滅危惧（threatened）種としてリストアップされるべきだと結論づけて、生物分類学、進化、ホッキョクグマの生息数を詳細に説明する。主ないくつか

の事実認定は、次の通りである。

- ホッキョクグマは海氷生息地で進化し、その結果、進化の過程をたどってこの生息地に適応させられた。

- ホッキョクグマは生息区域のほとんどで、海氷上に1年中いるか、短期間しか陸地で過ごさない。

- ホッキョクグマ〔の生息〕は一般的に、1年の大部分を海が氷で覆われる地域に限定されるが、海氷上の生息区域の全体を通じて均等に分布するのではなく、特定の性質の海氷、集結、特別な形の海氷を好む。海氷生息地の質は、地理的にも時間的にも変化する。生物学上のより高い多産性と、沿岸の切断地帯や氷湖（氷に囲まれた外海の地域）で餌動物の入手がより容易であることから、ホッキョクグマは大陸棚の上や近くに位置する海氷を好み、ほとんどが浅瀬の地域の沿岸近くにいる。

- ホッキョクグマは北極付近の氷で覆われた水域の全体を通じて分布し、主な生息地を海氷に頼る。ホッキョクグマは、アザラシを狩って食べる舞台として、つがいの一方を求めて繁殖する生息地として、出産のために引きこもる陸上の地域に移動する舞台として、長距離移動を行う土台としてなど、多くの目的で海氷に頼っている。

- 全世界のホッキョクグマの総数は、2万頭から2万5000頭であると見積もられる。ホッキョクグマは北極の全体を通じて均等には分布していないし、単一の全世界的な遊動の個体群を構成しないが、19の「互いに別々の個体群（relatively discrete population）」が見られる。ここでの「互いに別々の個体群」は、ESAの「異なる個体群部分（distinct population segments）」として扱われることを意図していない。〔リストアップ・ルールは〕「個体群（population）」という言葉を、2006年10月時点で利用可能な情報と共に、世界保全連合−国際自然保護連合（World Conservation Union-International Union for Conservation of Nature and Natural Resources（IUCN））、種の保存委員会ホッキョクグマ特別グループ（Species Survival Commission（SSC）Polar Bear Specialist Group（PBSG））による指

定と両立するホッキョクグマ管理ユニット、そしてこれらの個体群の2つかそれ以上の結合が「エコリージョン（ecoregions. 生態域）」になることを説明するために用いている。個々のホッキョクグマの動きは広範囲にわたって重なり合うが、遠隔測定法調査は、北極付近の生息区域の異なる区域におけるホッキョクグマのグループあるいは群体間の空間的な分離を示す。

FWS は、ホッキョクグマが絶滅危惧種としてリストアップされるべきだと判断する際に、3つの主な検討を引用した。第1に、ホッキョクグマは生存を海氷に頼っている。第2に、海氷は減少している。第3に、気候変動が北極の海氷の広がりと質を低下させ続けてきたし、〔将来も〕続くだろう。第2の点に関して、リストアップ・ルールは次のように述べる。

●ホッキョクグマは北極の海氷の適所を利用するように進化したし、北半球の、大部分が氷で覆われた海の全体を通じて分布する。われわれは、最もよく利用できる科学技術や商業の情報に基づいて、ホッキョクグマの生息地─主に海氷─が種の生息区域全体を通じて減少しており、この減少が予測可能な将来にわたって続くことが予想され、この減少が生息区域全体を通じて種を脅かしていると認める。したがって、われわれは、ホッキョクグマが生息区域全体を通じて、予測可能な将来のうちに絶滅危機種になりそうだと認める。

FWS は、これらの事実認定が、法定のリストアップ要素のうちの2つを満たすと結論づけた。要素(A)の種の生息地あるいは生息区域の絶滅を危惧される破壊、そして要素(D)の種を保存するための現行の規制手段の不十分、である。

気候変動と海氷に関するデータを集める中で FWS は、「気候変動に関する政府間パネル（Intergovernmental Panel on Climate Change: IPCC）」のものを含めて、発表されたさまざまな研究や報告に依拠した。FWS は、夏の海氷の急速な後退と北極での通年の海氷の総体的な減少は明白で、科学技術文献で広く証明されていると説明した。

海氷への種の依存についての FWS の評価は、ホッキョクグマの動物

相と行動、観察対象のホッキョクグマの個体数統計、個体群の数理的モデル化に関する、査読付きの研究から得ている。先述のようにFWSは、「アザラシを狩って食べる舞台として、つがいの一方を求めて繁殖する生息地として、出産のために引きこもる陸上の地域に移動する舞台として、長距離移動を行う土台として〔など〕を含めて」、ホッキョクグマが海氷に高度に依存すると説明した。リストアップ・ルールは、ホッキョクグマの生息地へのそれらの変化が、種の存在に関する脅威をすぐにもたらすだろうと予測する。

- 多産性、個体数の豊富さ、ホッキョクグマの主な餌である氷アザラシの入手可能性は、海氷の推定される減少によって小さくなるだろうし、移動と食糧獲得へのホッキョクグマの精力的な要求は増すだろう。昔からの冬眠エリアへのアクセスは、悪影響を及ぼされるだろう。これらの要素は、栄養学上のストレスからホッキョクグマの健康状態の低下を引き起こすだろうし、〔実際に〕多産性を下げた。最終的な影響は、ホッキョクグマの個体群が減少するだろうということである。減少の速度と規模は、速度、タイミング、影響の規模によって、個体群の間でさまざまだろう。けれども、予測可能な将来のうちに、すべての個体群が悪影響を及ぼされるだろうし、〔ホッキョクグマ〕種は、海氷生息地の減少のせいで、生息区域の全体を通じて全滅の危険に晒される恐れがある。

FWSは、全世界的な気候変動の影響のせいで、ホッキョクグマは絶滅危機種になりそうだし、予測可能な将来のうちに全滅の恐れに直面すると認めた。したがって、ホッキョクグマを絶滅危惧種としてリストアップしなければならないと、FWSは結論づけた。

多くの産業団体、環境団体、州が、過度に制限的あるいはホッキョクグマの保護が不十分であるとして、リストアップ・ルールを争った。これらの異議申立は連邦コロンビア特別区地方裁判所において広域帰属訴訟（Multidistrict Litigation）事件として1つにまとめられた。連邦地裁判決の In Re Polar Bear Endangered Species Act Listing and §4(d) Rule Litigation, 818 F. Supp. 2d 214（D.C. for the D.C. 2011）は FWS に略式判

決を付与し、リストアップ・ルールに対するすべての異議申立を退けた。そこで共同上訴人らが、地裁判決を争うために控訴した。

【判旨】
　連邦コロンビア特別区巡回控訴裁判所のハリー・T・エドワーズ（Harry T. Edwards）上級巡回裁判官は、このような事件における控訴裁判所の任務は「狭い」ものであり、自分たちの第一の責任は、リストアップ・ルールが理に適った規則制定手続の成果であるかどうかを、FWS によって検討された記録を考慮に入れて判断することであるとした。そして、上訴人らの主な主張は、FWS が面前の記録を無視し、誤って解釈し、自らの判断についての立場を明確に示さないことにより法定のリストアップ判断基準を濫用したということだが、これらの異議申立は「政策や科学技術についての見解を争うものに過ぎない」として、地裁判決を支持し、控訴を退けた。
　リストアップ・ルールは、3 部の論旨に基づく。ホッキョクグマは生存を海氷に頼っている。海氷は減少している。気候変動が、ホッキョクグマの個体群を重大な危険に晒すのに十分なほど、北極の海氷の広がりと質を低下させ続けてきた。この論旨のどの部分も異論がないし、われわれは、ホッキョクグマが ESA の意味での絶滅危惧種であるという FWS の結論が理に適っており、記録によって十分に裏付けられていると認める。
　リストアップ・ルールは、FWS の綿密かつ広範囲にわたる研究と分析の成果である。その科学技術的な結論はデータによって十分に裏付けられているし、気候科学とホッキョクグマ生物学の主流の学説の中に十分に含まれている。
　上訴人らのいくつかの異議申立は、背景を除外された記録部分に依拠し、FWS の公表された説明を歴然と無視する。他のものは、地方裁判所が正確に説明したように、われわれが行政機関に敬意を表して譲歩する、「政策や科学技術についての見解を争うものに過ぎない」。
　重要なことに、上訴人らは、FWS がリストアップ・ルールを公布す

る際に検討しなかったという科学技術的な事実認定あるいは研究を何も示さない。むしろ、「上訴人らは単に、種の持続している生存力についてのデータの示唆に異議を唱える」。

　行政機関が依拠する基本的な前提が十分に説明されて議論の余地のない場合、広く大多数の科学技術専門家たちが行政機関の結論を裏付けることになるし、上訴人らは行政機関が検討しなかったという科学技術的な証拠を何も示さないので、われわれは行政機関の判断を支持する義務がある。したがって、われわれは、リストアップ・ルールを認めるという地方裁判所の判断を支持する。

【解説】
　本件の上訴人らは、リストアップ・ルールが過度に制限的あるいはホッキョクグマの保護が不十分であるとして争っているが、前段階の連邦地裁において原告らは特に、FWS自らが北極地方の気温上昇の原因として確認した全世界的な温室効果ガス排出問題に取り組むことなく、ホッキョクグマの保全について効果的に規定することはできないし、FWSがESAの保全命令に反して、この脅威に取り組むのを避けるやり方でリストアップ・ルールを故意かつ違法に作り上げたと主張していた。ある種を絶滅危機種あるいは絶滅危惧種としてリストアップすることは自然保護政策との関連で重要な意義をもつところ、本件が元来、多様な利害関係者たちによるさまざまな異議申立を連邦地裁で広域帰属訴訟に一本化した事件だったことを思い起こすと、控訴において上訴人らが真に望むものがホッキョクグマの保護だったとは必ずしも言い切れないだろう。

　全世界的な気候変動の影響により、ホッキョクグマをESAの「絶滅危惧種」としてリストアップするというFWSの判断を全面的に支持した本判決は、生物多様性および生態系に対する気候変動の脅威を扱う、後に続く判例の先駆けとなった。他方、2021年6月にはジョー・バイデン（Joseph Robinette Biden Jr., 1942- ）大統領が、2020年アメリカ大統領選挙の公約を果たすかたちでANWRでの石油開発計画の一時停止

を発表したことから、ドナルド・トランプ（Donald John Trump, 1946- ）前大統領が打ち出していた ANWR 内の連邦所有地の賃貸計画は当面の間、凍結されることになった。リストアップ・ルールへの影響を含めて、今後の展開が注目される。

注
1) 久末弥生『都市災害と文化財保護法制』（成文堂、2020 年）52 頁。
2) ダニエル・A・ファーバー［著］、辻雄一郎・信
澤久美子・阿部満・北村喜宣［訳］『アメリカ環境法』（勁草書房、2020 年）48 頁、214 頁。
3) 久末・前掲注（1）52 頁。

第 7 章

水都の強靱化と歴史的建造物の 保存・活用
—— 文化遺産水都ヴェネツィアと SDGs

Ⅰ. 文化遺産都市ヴェネツィアにおける歴史的建造物の 転用事例——イタリア劇場、プログレッソ劇場

　1987 年に「ヴェネツィアとその潟（Venice and its Lagoon）」としてユネスコ世界文化遺産に登録された水都ヴェネツィアでは、交通手段は人間の足と船だけで、車両の乗入れは認められていない[1]。東西約 4.5 キロメートル（キロ）、南北約 0.5 キロから 2 キロという限られた面積の孤島であるヴェネツィアにおいて、歴史的建造物の保存・活用は都市インフラと密接に関連していることから、これらの建物の効果的な転用政策が従来から模索されてきた。ヴェネツィアでは近年、歴史的建造物をスーパーマーケットに改装することで建物自体の保存と活用を両立させると共に、歴史的建造物が都市インフラの一部としての役割を果たす事例が顕著である。

　歴史的建造物をスーパーマーケットに改装する試みはイタリアに多く見られ、2014 年にミラノの「スメラルド劇場（Teatro Ventaglio Smeraldo）」が、ガリバルディ地区の都市再開発に伴ってイタリアの高級スーパーマーケットチェーン「イータリー（Eataly）」[2]ブランドの下で「イータリー・ミラノ・スメラルド（Eataly Milano Smeraldo）」としてリノベーション開業し、成功を収めたことがこうした動きの後押しになった。ヨーロッパにおける歴史的建造物の保存・活用手法としては、ホテルや高級アパルトマンに改装するのが一般的であることは本書第 2 章で述べた

が、イタリアの都市の中でも都市再開発が特に難しいヴェネツィアはその傾向が強く、あらゆる歴史的建造物がホテル化されてきた。例えば、ヴェネツィアの玄関口であるサンタ・ルチア駅の裏側に位置する、1879年建立のカトリック跣足カルメル会修道院だった建物は、現在は「ホテル・アッバツィア（Abbazia. 修道院）」として観光客に人気のホテルになっている。

2017年にヴェネツィアの「イタリア劇場（Teatro Italia）」が、オランダのスーパーマーケットチェーン「スパー（SPAR）」[3]ブランドの下で「デスパ・テアトロ・イタリア（DESPAR Teatro Italia）」としてリノベーション開業し、建物の外観に加えて、ファサードやフレスコ画など建物の内装部分の美しさが世界的にも話題となった。デスパ・テアトロ・イタリアの2階部分は展示・展望スペースになっており、イタリア劇場時代を体感することができる。ミラノのスメラルド劇場とヴェネツィアのイタリア劇場はいずれも20世紀初頭の映画館であり、歴史的建造物としては比較的新しいが、同時代の西洋建築を数多く擁する日本にとっては、特に示唆に富む事例と言えるだろう。ヴェネツィアでは他にも、同時代の映画館の草分けである「プログレッソ劇場（Cinema Teatro Progresso）」が2010年にイタリアのドラッグストアチェーン「ティゴタ（Tigotà）」のヴェネツィア店としてリノベーション開業するなど、歴史的建造物が日常生活に欠かせない店舗として保存・活用される成功例が続いている。交通手段が極めて限られているヴェネツィアにおいて、これらの店舗は住民の都市インフラの一部とも言える必要不可欠な存在であることから、歴史的建造物の活用を支えるべく、その保存にも必然的に取り組まざるを得ないというプラスの連鎖が生まれていると考えられる。

Ⅱ．水都ヴェネツィアのアックア・アルタと
　　オーバーツーリズム

1．アックア・アルタの深刻化と「モーゼ計画」の初稼働

　水都ヴェネツィアの歴史は、ヴェネツィア共和国として実質的に独立したとされる7世紀末から既に、産業利用、航海、災害対策などの理由でさまざまな種類の水（海の水、河川の水）と闘わざるをえないものだった。20世紀後半からは「アックア・アルタ（àcqua alta. 高潮による冠水）」が深刻化し、1966年11月4日には海抜194センチメートル（センチ）という未曾有のアックア・アルタ（2021年現在、ヴェネツィア史上最高記録）に見舞われたヴェネツィアが、3日間孤立して甚大な被害を受けたことを契機に、ユネスコを中心とした国際的なヴェネツィア救済キャンペーンが展開され、イタリア政府もヴェネツィア救済のための特別法を何度も成立させて財政的支援を行うようになった。近年のヴェネツィアは2018年と2019年に連続して記録的な浸水被害を受けており、2018年10月29日のアックア・アルタ（史上5回しか達したことがなく、直近10年間で最悪の海抜156センチ）では全市域の75％、ヴェネツィア史上2番目の記録となる海抜187センチの2019年11月12日のアックア・アルタでは全市域の85％が浸水した。ヴェネツィア市内で最も標高の低い場所に位置する「サン・マルコ寺院（Basilica di San Marco）」の浸水被害は特に大きく、2018年のアックア・アルタによって千年の歴史をもつ大理石の床、青銅の扉、モザイクの床などを損傷したところに、2019年のアックア・アルタで高さ70センチまで浸水してさらに円柱などが損傷し、塩害による長期的影響も重大な問題として懸念される事態となった。

　アックア・アルタが頻発かつ大規模化する要因として、「ラグーナ（laguna. 潟）」内に位置するマルゲーラ工業地帯で行われてきた掘抜き井戸による地下水汲み上げ（現在は禁止されている）に起因する地盤沈下、そして近年の全世界的な気候変動を背景とする温暖化による海水面の上昇が多く指摘されている。ラグーナと海をつなぐリド、マラモッコ、キ

オッジアの潮流口に可動式水門（防潮堤）を設置し、アックア・アルタからラグーナ全体を守るという「モーゼ計画（Mòdulo sperimentale elèctromeccànico: MO.S.E. "電気機械試験モジュール" を意味すると共に、旧約聖書の預言者の名に因む）」はヴェネツィア特別法に基づく総工費約55億ユーロの事業で、その実現がヴェネツィアの長年の悲願だった。1970年代初めから事業が検討され、2003年に水門の工事が始まり、2014年には市長の贈収賄スキャンダルが発覚するなど、無数の問題を抱えたモーゼ計画だったが、2020年10月3日に遂に可動式水門が初稼働し、同日に予報されていた最大125センチの高潮を70センチ程度に抑制したことが報道された。モーゼ計画の今後の運用が、注目されるところである。

2．オーバーツーリズム対策
──ヴェネツィア市入場料、ヴェネツィア市入場ゲート

　世界屈指の観光地であるヴェネツィアの抱える環境問題は、アックア・アルタのような自然災害だけではない。押し寄せる観光客が残すごみの問題、クルーズ船によるラグーナの汚染など、水都の過剰利用に伴う悩みが尽きないのがヴェネツィアの現状である。サン・マルコ寺院、「リアルト橋（Ponte di Rialto）」、曲がりくねった小径の迷路に沿って、貴重な遺跡をのろのろ歩く絶え間ない人の群れにどのように対処するのか、ヴェネツィアでは苦闘が続いてきた。観光客の殺到は地方自治体の財源にはプラスだが、ヴェネツィアの壊れやすい歴史的建造物や環境を荒廃させかねない。2019年7月には、ユネスコ世界文化遺産の「ヴェネツィアとその潟」が危機遺産に加えられる寸前となり、これを回避するためにブルニャーロ市長（Luigi Brugnaro, 1961- ）が奔走する事態となった。また、クルーズ船によって引き起こされる波が歴史的建造物の水中の支柱を浸食し、水域を汚染してきたことは、多くの環境学者たちが指摘するところである。他方、モーターボートによって引き起こされる激しい波がラグーナの形態を変えてしまうとして、2002年にはラグーナ内でのモーターボートの使用を禁止する、あるいはモーターボート

の速度を制限する環境特別地域が指定されることになった。

　ヴェネツィアのオーバーツーリズム（観光過剰）対策としては現在、大きく３つの内容が打ち出されている。まず、重量９万6000トン以上の大型クルーズ船の航行ルートを、従来のサン・マルコ広場ルートからマルゲーラ工業地帯ルートに変更することである。イタリア政府はこのルート変更計画を既に認めており、実現すると歴史的中心地がより良く保存され、水域の汚染を悪化させることもなくなることが期待されている。

　次に、ヴェネツィア市入場料の徴収である。これは１日６万人から８万人とも試算されるヴェネツィアの観光客のうち、日帰り客に通常期３ユーロから繁忙期10ユーロの間で入場料を課し、収益の一部を日帰り客が残すごみの清掃にあてるなど地元住民の生活向上に役立てるというものである。ヴェネツィア市内のホテルの宿泊客は毎晩６ユーロの観光客税を既に支払っているため徴収を免除されるほか、地元住民やその家族、６歳未満の子どもも対象外となる。ヴェネツィア市入場料は新型コロナウイルス感染症の世界的大流行を受けて徴収開始が延期されてきたが、2022年夏からの本格的な実施が報道されている。

　最後に、ヴェネツィア全域での回転式のヴェネツィア市入場ゲートの設置である。先述の2019年７月の危機遺産をめぐるユネスコの動きを踏まえて、ヴェネツィアはサン・マルコ広場やリアルト橋に向かって直進する人の群れを管理する試みとして既に、繁忙期のラグーナへの２か所の入口に入場ゲートを設置し、ゲートの混雑時には地元住民と「ヴェネツィアユニカシティパス（Venezia Unica City Pass）」というICカードの保持者のみが通行可能であり、その他の者は迂回ルートを利用するという入場制限システムを試験的に導入している。このシステムが、ヴェネツィア全域に応用されるものと考えられる。なお、ヴェネツィア市入場料とヴェネツィア市入場ゲートの両方に対応する具体的な手法として、スマートフォンアプリやQRコードの活用が提案されている。

　新型コロナウイルス感染症の流行に伴ってイタリア全土で実施された2021年３月15日からのロックダウン後に、これまで常に濁っていたヴ

ェネツィアの運河の水が透明に変わったというニュースが、地元住民の大きな驚きと共に伝えられた。ヴェネツィアの抱える環境問題に改善の兆しかと期待されたのも束の間、2021 年 10 月現在、ヴェネツィアの観光客数は 1 日数万人レベルに戻りつつある。アフターコロナのオーバーツーリズム対策の 1 つの指針を示すものとして、ヴェネツィア市入場料とヴェネツィア市入場ゲートの始動が待たれる。

Ⅲ. ヴェネツィアと SDGs
──目標 11「持続可能な都市」と目標 14「海洋資源」

　深刻化するアックア・アルタとオーバーツーリズムに直面する中、居住者人口が第 2 次世界大戦後の約 17 万 5000 人から最近では約 5 万 5000 人にまで激減し、年間約 3000 万人と試算される観光客数をはるかに下回っているヴェネツィアにおいて、歴史的建造物の保存は都市の廃墟化と常に隣合せである。ヴェネツィアでの交通手段が極めて限られていることは先述の通りであり、さらに海に浮かぶ孤島ならではの交通インフラ問題として、地下鉄の整備が数十年間にわたって難航と頓挫を繰り返してきたという背景がある。

　過酷な環境問題と懸命に戦いつつ、廃墟化のリスクを危ういバランスで回避し続ける現代のヴェネツィアを支えているのは、独自の都市インフラである。歴史的建造物を日常生活に欠かせない都市インフラの一部として活用するという発想に加えて、人間の足と船というシンプルな交通手段に頼るのみで世界屈指の観光地であり続けるヴェネツィアの取組みは、都市の持続可能性のみならず、アフターコロナ時代の都市インフラを考える上でも参考になるだろう。

　文化遺産都市かつ水都であるヴェネツィアは、「持続可能な開発目標（Sustainable Development Goals: SDGs）」の目標 11「持続可能な都市：住み続けられるまちづくりを：包摂的で安全かつ強靭（レジリエント）で持続可能な都市及び人間居住を実現する」と目標 14「海洋資源：海の豊かさを守ろう：持続可能な開発のために、海洋・海洋資源を保全し、

持続可能な形で利用する」を同時に体現する稀有な都市と言える。最新のインフラ整備が行き届いた日本において、将来的な都市の持続可能性と海洋資源の保全を考える上で、一見、旧態依然の取組みとも思われがちなヴェネツィアの都市インフラ手法は、適応性と柔軟性の面で新たな打開策を示している。

注

1) ローマ広場までの空港シャトルバスの乗入れは、例外的に認められている。自転車の乗入れも禁止だが、子どもたちの自転車利用は黙認されている。TBS DVD『世界遺産　イタリア編①フィレンツェ歴史地区／ベネチアとその潟』（TBS、2002年）。
2) イータリーは近年、JR東京駅地下の「イータリー丸の内店」など、日本においても積極的に店舗を展開している。
3) 日本ではコンビニエンスストアチェーン「ホットスパー（HOT SPAR）」として広く知られていたが、2016年に日本国内から完全に撤退した。

参考文献

陣内秀信「「水都学」をめざして」陣内秀信・高村雅彦編『水都学 I 　特集　水都ヴェネツィアの再考察』法政大学出版局、2013年
陣内秀信＝樋渡彩「第11章　今、水都が直面する危機」陣内秀信『水都ヴェネツィア―その持続的発展の歴史』法政大学出版局、2017年
ピエロ・ベヴィラックワ著／北村暁夫訳『ヴェネツィアと水―環境と人間の歴史』岩波書店、2008年
久末弥生『都市災害と文化財保護法制』成文堂、2020年
Angela Giuffrida, The death of Venice? City's battles with tourism and flooding reach crisis level, World news, The Guardian, Sun 6 Jan 2019.
Angelo Maggi, RE-VISIONING VENICE 1893-2013 Ongania/Romagnosi, lineadacqua, 2014

[資料]

● ヴェネツィアの建造物と景観（2020 年 1 月撮影）

サン・マルコ運河から見るドゥカーレ宮殿とサン・マルコの
鐘楼（右側）

サン・マルコ広場のサン・マルコ寺院と鐘楼

サン・マルコ広場から見る船着き場（奥側）

サンタ・ルチア駅の船着き場

カトリック跣足カルメル会修道院（現ホテル・アッバツィア）
のロビー

ロビー壁面の十字架

ホテルの廊下

ホテルの中庭に面したテラス

ホテルの中庭から見る十字架塔（左側）

小広場に建つイタリア劇場（現デスパ・テアトロ・イタリア）

イタリア劇場のファサード

スーパーマーケット部分の入口

店内のフレスコ画と商品棚

イタリア劇場の舞台跡（左側）

プログレッソ劇場（現ティゴタ）の外観

プログレッソ劇場の看板跡

ドイツ商館（現 DFS）の外観

DFS の店内エスカレーターとドイツ商館時代の外壁（左側）

DFS の吹抜けの中央ホール

ホールに面した商品ディスプレー

デスパ・リアルト橋の店舗外観

スーパーマーケット部分の入口

スーパーマーケットの店内

初出一覧

【第Ⅰ部】
第1章
　書き下ろし
第2章
　久末弥生「フランスの歴史的建造物の保護に関する法制度と都市の居住空間」『都市住宅学』第116号（都市住宅学会、2022年）に加筆
第3章
　久末弥生「世界文化遺産と自然保護—モン・サン・ミッシェルに見る文化遺産と自然の共存」『明日への文化財』第83号（文化財保存全国協議会、2020年）に加筆

【第Ⅱ部】
第4章
　久末弥生「新世紀の都市化へ—パリ第9区の出現—」『都市経営研究』第1巻創刊号（大阪市立大学都市経営研究科都市経営研究会、2021年）に加筆
第5章
　久末弥生「フランスの山岳国立公園に関する法制度と課題」日本不動産学会シンポジウム『山岳国立公園管理の将来—レクリエーション・登山のための利活用を探る』（日本不動産学会主催、2021年11月10日）個別報告資料に加筆
第6章
　書き下ろし
第7章
　書き下ろし

索 引

（数字の後の n は注を示し、重要な頁を**太字**で記す）

著者紹介

久末弥生
（ひさすえ　やよい）

大阪市立大学大学院都市経営研究科教授。早稲田大学法学部卒、早稲田大学大学院法学研究科修士課程修了、北海道大学大学院法学研究科博士後期課程修了・博士（法学）。フランス国立リモージュ大学大学院法学研究科正規留学、アメリカ合衆国テネシー州ノックスビル市名誉市民。日本土地法学会理事、国際公共経済学会理事。大阪市立大学学友会顕彰・優秀テキスト賞受賞、国際公共経済学会学会賞受賞。主な著書に『アメリカの国立公園法―協働と紛争の一世紀』（北海道大学出版会）、『フランス公園法の系譜』（大阪公立大学共同出版会）、『現代型訴訟の諸相』、『都市災害と文化財保護法制』（以上、成文堂）、『都市計画法の探検』（法律文化社）、『考古学のための法律』（日本評論社）があるほか、編著『都市行政の最先端―法学と政治学からの展望』（日本評論社）、共著『クリエイティブ経済』（ナカニシヤ出版）、同『判例フォーカス行政法』（三省堂）など多数。

都市経営研究叢書7

変革と　強 靭化の都市法
（へんかく　きょうじんか　としほう）

2022 年 3 月 15 日　第 1 版第 1 刷発行

著　者──久末弥生
発行所──株式会社 日本評論社
　　　　　〒170-8474 東京都豊島区南大塚 3-12-4
　　　　　電話 03-3987-8621（販売）-8601（編集）
　　　　　https://www.nippyo.co.jp/　振替 00100-3-16
印　刷──平文社
製　本──牧製本印刷
装　幀──図工ファイブ

検印省略　©Yayoi HISASUE 2022
ISBN978-4-535-58762-5　Printed in Japan

◎都市経営研究叢書 第**1**巻　　　　　　　　　　　　　　　　　　　　佐藤道彦・佐野修久[編]

まちづくりイノベーション
公民連携・パークマネジメント エリアマネジメント

都市の事業は行政主体から民間が参画運営するものへ。いま最も注目されている公民連携手法「指定管理」「PFI」「BOT」「BTO」「コンセッション」などが一目でわかり、単なる効率化だけでなく来訪者による採算性やまちづくりマネジメントを成功させる例も紹介。
◆A5判／定価2,970円（税込）

◎都市経営研究叢書 第**2**巻　　　　　　　　　　　　　　　　　　　　　　久末弥生[編]

都市行政の最先端　法学と政治学からの展望

新陳代謝し続ける現代の都市。新たなニーズを的確に把握し迅速に対応するため都市行政に求められるものとは。「環境」「住宅」「治水」「安全保障」「情報」「AI／ロボット」「議会」など広範な分野を網羅し、将来の諸課題を鋭く分析。
◆A5判／定価2,970円（税込）

◎都市経営研究叢書 第**3**巻　　　　　　村上憲郎・服部 桂・近 勝彦・小長谷一之[編]

AIと社会・経済・ビジネスのデザイン

あらゆる生活・仕事に入りこむAIは、都市ビジネスと社会経済に革命をもたらす。AIの背後にある歴史・原理・特性・マーケティングが徹底的にわかるように深く掘り下げ「IoT」「スマートシティ」「情報経済」などを説明。ソフトを使って実際にAIを使える事例も紹介。
◆A5判／定価2,970円（税込）

◎都市経営研究叢書 第**4**巻　　　　　　　　　　　　　　　　　　　永田潤子・遠藤尚秀[編]

公立図書館と都市経営の現在
地域社会の絆・醸成への チャレンジ

図書館運営をどう成功に導くか？全国各地の個性的な図書館運営成功例の理論と多数の事例分析。「指定管理」「公募図書館長のリーダーシップ」「公園のような図書館（文化拠点）」「ぶどうとワインの専門図書館（地域産業支援）」「子育て支援」「震災復興支援」など。
◆A5判／定価2,970円（税込）

◎都市経営研究叢書 第**5**巻　　　　　　　　　　　　　　　　　　　　　五石敬路[編]

大都市制度をめぐる論点と政策検証

大都市行政では経済活動の拡大等がもたらす広域化問題とまちづくりの課題双方への目配りが欠かせない。「地方自治と大都市問題」「大都市財政の硬直化」「新たな大都市制度」「空港と都市」「多主体連携」「水道の広域化分析」「自治体合併」「公民館再検証」など。
◆A5判／定価2,970円（税込）

◎都市経営研究叢書 第**6**巻　　　　　　　　　　　　　　　　　　　　　新ヶ江章友[編]

学際研究からみた医療・福祉イノベーション経営

医療・福祉組織のイノベーション経営モデルを、経営学、医学、哲学、倫理学、社会学、文化人類学の観点から考察。「クリティカル経営学習」「消費者モデル」「インフォームド・コンセント」「哲学対話」「人権研究」「地域研究」「福祉臨床」など。
◆A5判／定価2,970円（税込）

◎都市経営研究叢書 第**8**巻　　　　　　　　　　　　　　　　　　　　　新藤晴臣[編]

コーポレート・アントレプレナーシップ　日本企業による 新事業創造

日本において重要な、大企業によるベンチャー創出の包括的概念コーポレート・アントレプレナーシップ（CE）を異業種の4企業を比較検討しつつ詳述。「パナソニック」「ANAホールディングス」「バイエル薬品」「ソフトバンクグループ」など。
◆A5判／定価2,970円（税込）

日本評論社